大运河

『十四五』时期国家重点出版物出版专项规划项目

中国水利水电科普视听读丛书

中国水利水电科学研究院 组编

张伟兵 耿庆斋 编著

U0291384

中国水利水电出版社

www.waterpub.com.cn

·北京·

内 容 提 要

《中国水利水电科普视听读丛书》是一套全面覆盖水利水电专业、集视听读于一体的立体化科普图书，共14分册。本分册为《大运河》，以中国大运河发展的时间脉络为纲，通过选择不同时期中国大运河建设和发展过程中的典型工程、技术、人物、事件等，以点带面，较系统地阐述了中国大运河蕴含的深厚历史文化和辉煌科技成就。全书包括六部分：大运河概览、早期运河的开发、隋唐宋时期的大运河、元明清时期的大运河、21世纪的大运河、结语。文后附有中国大运河大事记和世界十大运河。

本丛书可供社会大众、水利水电从业人员及院校师生阅读参考。

图书在版编目（CIP）数据

大运河 / 张伟兵，耿庆斋编著 ； 中国水利水电科学研究院组编. -- 北京 ： 中国水利水电出版社，2021.12
（中国水利水电科普视听读丛书）
ISBN 978-7-5170-9691-7

Ⅰ. ①大… Ⅱ. ①张… ②耿… ③中… Ⅲ. ①大运河—介绍—中国 Ⅳ. ①K928.42

中国版本图书馆CIP数据核字(2021)第123895号

审图号：GS（2021）6133号

丛 书 名	中国水利水电科普视听读丛书
书 名	大运河 DA YUNHE
作 者	中国水利水电科学研究院 组编 张伟兵 耿庆斋 编著
封面设计	杨舒蕙 许红
插画创作	杨舒蕙 许红
排版设计	朱正雯 许红
出版发行	中国水利水电出版社 （北京市海淀区玉渊潭南路1号D座 100038） 网址：www.waterpub.com.cn E-mail:sales@mwr.gov.cn 电话：（010）68545888（营销中心）
经 售	北京科水图书销售有限公司 电话：（010）68545874、63202643 全国各地新华书店和相关出版物销售网点
印 刷	天津画中画印刷有限公司
规 格	170mm×240mm 16开本 13.25印张 146千字
版 次	2021年12月第1版 2021年12月第1次印刷
印 数	0001—5000册
定 价	88.00元

《中国水利水电科普视听读丛书》

编委会

主　　任	匡尚富
副 主 任	彭　静　　李锦秀　　彭文启

专家委员会

主　　任　　王　浩

委　　员

（按姓氏笔画排序）

丁昆仑	丁留谦	王　力	王　芳
王建华	左长清	宁堆虎	冯广志
朱星明	刘　毅	阮本清	孙东亚
李贵宝	李叙勇	李益农	杨小庆
张卫东	张国新	陈敏建	周怀东
贾金生	贾绍凤	唐克旺	曹文洪
程晓陶	蔡庆华	谭徐明	

《大运河》

编 著　张伟兵　耿庆斋

丛书策划　李亮

书籍设计　王勤熙

丛书工作组　李亮　李丽艳　王若明　芦博　李康　王勤熙　傅洁瑶
　　　　　　芦珊　马源廷　王学华

本册责编　李亮　李丽艳　王勤熙

党中央对科学普及工作高度重视。习近平总书记指出："科技创新、科学普及是实现创新发展的两翼，要把科学普及放在与科技创新同等重要的位置。"《中华人民共和国国民经济和社会发展第十四个五年规划和2035年远景目标纲要》指出，要"实施知识产权强国战略，弘扬科学精神和工匠精神，广泛开展科学普及活动，形成热爱科学、崇尚创新的社会氛围，提高全民科学素质"，这对于在新的历史起点上推动我国科学普及事业的发展意义重大。

水是生命的源泉，是人类生活、生产活动和生态环境中不可或缺的宝贵资源。水利事业随着社会生产力的发展而不断发展，是人类社会文明进步和经济发展的重要支柱。水利科学普及工作有利于提升全民水科学素质，引导公众爱水、护水、节水，支持水利事业高质量发展。

《水利部、共青团中央、中国科协关于加强水利科普工作的指导意见》明确提出，到2025年，"认定50个水利科普基地""出版20套科普丛书、音像制品""打造10个具有社会影响力的水利科普活动品牌"，强调统筹加强科普作品开发与创作，对水利科普工作提出了具体要求和落实路径。

做好水利科学普及工作是新时期水利科研单位的重要职责，是每一位水利科技工作者的重要使命。按照新时期水利科学普及工作的要求，中国水利水电科学研究院充分发挥学科齐全、资源丰富、人才聚集的优势，紧密围绕国家水安全战略和社会公众科普需求，与中国水利水电出版社联合策划出版《中国水利水电科普视听读丛书》，并在传统科普图书的基础上融入视听元素，推动水科普立体化传播。

丛书共包括14本分册，涉及节约用水、水旱灾害防御、水资源保护、水生态修复、饮用水安全、水利水电工程、水利史与水文化等各个方面。希望通过丛书的出版，科学普及水利水电专业知识，宣传水政策和水制度，加强全社会对水利水电相关知识的理解，提升公众水科学认知水平与素养，为推进水利科学普及工作做出积极贡献。

丛书编委会
2021年12月

大运河始建于两千多年前的春秋时期，与长城并列为中华文明的两大标志性工程。2014 年，大运河成功入选世界遗产名录，这是世界对中国这一独有的大型线性水利遗产以及巨型活态文化景观遗产的肯定。时至今日，大运河仍在发挥航运、行洪、灌溉、输水等重要作用。历代在大运河上修建的各类水利工程，是其延续 2000 余年的生命保障。本分册从水利文明的角度出发，以大运河发展的时间脉络为纲，通过选择不同时期大运河建设和发展过程中的典型事件，以点带面，力图较为系统地阐述大运河里蕴含的深厚历史文化和辉煌科技成就。

具体到写作上，本分册在考虑科学性和知识性的基础上，兼顾思想性和可读性。在科学性方面，本分册以水利水电领域的百科全书、权威性工具书及相关领域著名学者的研究成果为主，同时注意补充参考近年来学术界的有关研究成果，以保证所写内容的准确性。在知识性方面，本分册通过知识链接的方式，主要以小贴士的形式介绍书稿涉及的专业术语、文献典籍等，尽可能向读者传递更多的科学知识，全书共有小贴士约 30 个。在思想性方面，本分册着眼于弘扬和宣传中国古代水利文明，写作中通过选择典型工程、技术、人物、事件等，将大运河的形成与演变、工程建设、技术创新以及社会影响等内容串联起来，使之形成有机整体，给读者以清晰的脉络，使读者对中华文明的这一标志性工程有较为全面的认识和了解。在可读性方面，本分册附有约 150 幅图片，同时借鉴文化普及读物的写作理念和方式，在介绍大运河工程科技的同时，将与此相关的人物事件、历史背景、文学诗词、文物遗迹等穿插其中，增强了本书的可读性。

在本分册的编写和出版过程中，谭徐明正高、张卫东正高、孙东亚正高、王力高工、李亮编审对书稿提出了诸多宝贵意见，王勤熙编辑对书稿进行了精心细致的耕耘，大大提升了本分册的出版质量，在此致以衷心感谢！

编者

2021 年 10 月

目 录

序

前言

◆ 第三章 成长在路上

——隋唐宋时期的大运河

◆ 第四章 艰巨的使命

——元明清时期的大运河

◆ 第五章 走向未来之路
——21世纪的大运河

◆ 第六章 结语

第一章

流淌的文明工程

——大运河概览

中国大运河就像流淌在中华大地上的血脉。它不仅贯通了古老国度的主要江河，而且串联了中原文化、燕赵文化、吴越文化、齐鲁文化等中国历史上的重要文化区。千余年来，它以悠久的历史和漫长的航线感召着历代中华儿女，是中国人民勤劳、勇敢、智慧的象征，更是中华文明不朽的丰碑。

中国大运河的历史可追溯至公元前 5 世纪的春秋时期，距今已有 2500 多年。此后它经过漫长的发展演变，到 13 世纪形成以政治中心北京为终点的南北交通大动脉，这就是人们最为熟悉的京杭大运河，又称元明清大运河。今天，仍有超过 3 亿中国人，生活在京杭大运河沿岸。中国大运河在长期发展过程中，一直是历代王朝重要的生命线，被誉为千年国脉。它在保障南北方经济文化交流、维系国家统一和社会稳定的同时，也演绎了与沿岸人民友好相处、与大自然共生的无穷的史诗般故事。以往，这些故事纵然已经讲述了多遍，当今日我们再次审视它的时候，发现迷人的故事仍在继续。

本章要讲述的，就是它存留在中外人士心中的魅力印记。

◎ 第一节 千年国脉

　　大运河和长城，是中华文明的两大标志性工程。说起长城，人们经常称其为中华民族的脊梁、中华民族精神的象征，自1987年列入世界遗产名录后，更是为世人所熟知。而大运河，自近代以来随着运输功能的衰减，很长时间内一直默默无闻，甚至被人们遗忘。以致著名水利史专家姚汉源先生为其大鸣不平："长城号称万里，其遗迹俱在，且名扬中外，今表彰不已。以文物伟迹自当之无愧，然物质用途已成历史，即欲修复不可能。京杭运河之伟大成就固不逊于长城，时至今日表彰之者不多。"直到2014年，随着大运河成功申遗，这一局面才发生转变，大运河重获新生，迎来新的发展契机。

　　谈论大运河，首先让我们了解一下什么是"运河"。根据《辞海》的解释，"运河"是人工开凿的通航水道，如苏伊士运河、巴拿马运河等。实际上，由于很多运河是利用天然水系开凿的，因此，人们又往往将"运河"区分为狭义和广义两种。狭义的运河即上述对运河的定义；广义的运河还包括利用自然河流、湖泊开挖的水运通道。除航运外，运河还可用于灌溉、分洪、排涝、给水，等等。中国早期的运河大多是利用天然河湖水系开挖的，因此，本书中的运河，指的是广义上的运河。古籍文献中，唐代以前多称为沟、渠、漕渠、漕河、运渠，宋代始有运河之称，元明以来渐成通称。此外，运河通过山丘或分水岭时，为减少开挖工程量，转而在两坡端设船闸，这一跨越山岭通航的运河，称为越岭

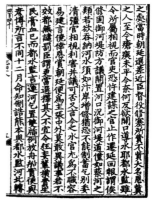

▲ 《宋史·河渠志》有关"运河"一词的书影

运河。另有一种为沟通厂矿与附近航道而开挖的运河，称为旁支运河。

受地理条件影响，我国主要河流水系大多自西向东流，中间为同向的分水岭，南北方向缺少沟通，对以水路为骨干的古代交通带来困难。在漫长的中华民族发展史上，为扩大活动空间，满足政治、经济、军事，以及社会文化交流等方面的需求，历代或利用天然河湖水系开挖水运通道，或克服地形高差和水源不足的困难开挖人工运河，在全国范围内形成以都城为终点的沟通各大水系的全国水运网络系统，这就是中国大运河，简称"大运河"。因此，本书中所称的"中国大运河"，其本质是一个水运网络体系，这个网络体系的核心是都城，不谈这个网络，中国大运河的价值就会大打折扣。另外，"中国大运河"也是一个动态变化的概念。不同时期和不同区域的运河，内涵不同。若是谈论某一段运河，则需要结合特定的时间来谈，否则中国大运河的概念就无从谈起。需要注意的是，这里的"中国大运河"概念与列入世界文化遗产的"大运河"内涵不同。作为世界文化遗产的中国大运河，它由京杭大运河、隋唐大运河和浙东运河三段运河遗产组成，具体包括通惠河、北运河、南运河、会通河、中河、淮扬运河、江南运河、永济渠、通济渠、浙东运河等10个遗产河段的27段河道、2处湖泊和56个遗产点，

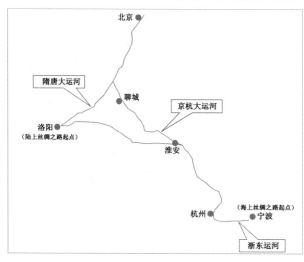

▲ 中国大运河遗产的三段运河

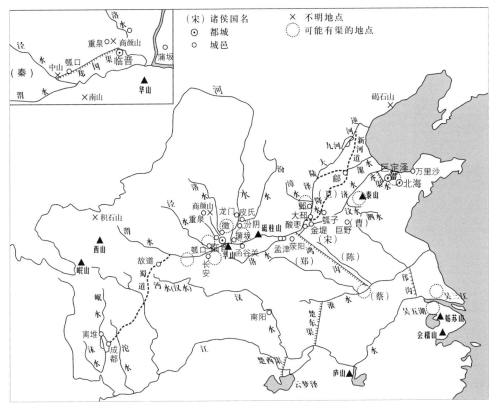

图例：
（宋）诸侯国名　　　× 不明地点
⊙ 都城　　　　　　⊙ 可能有渠的地点
○ 城邑

▲ 春秋战国时期主要运河分布示意图

共 85 个遗产要素，分布在北京、天津、河北、河南、山东、安徽、江苏、浙江 8 省（直辖市）。严格意义上，它应该称为"中国大运河遗产"，是一个相对静态的、组合的概念，是不同时期修建的各类工程至今尚存的遗址，或仍在发挥作用的工程的组合。这在本书第五章还会有详细说明。

总体来看，中国大运河演变过程复杂，经历了多次扩建和改建，其中以隋代和元代两次大规模的改建和扩建最为关键，最后形成了以京杭运河为骨干的南北大运河。中国大运河的主体工程建设主要集中在三个时期。

第一个时期是春秋战国时期（公元前 5 世纪至前 3 世纪）。各诸侯国出于战争和运输的需要，竞相开凿运河，不过规模不大，时兴时废，缺乏统一规划，多为区间运河，但为后来大一统国家全国水运网络体系的形成奠定了基础。这一时期开凿的运河以邗沟、鸿沟最为著名。

第二个时期是隋代（7世纪初）。为了加强首都与南方经济中心的联系，同时满足对北方的军事运输需要，隋朝政府统一规划了全国水道，在前代开凿的分散、间断的区间性运河基础上，利用地形和河湖水源的有利自然环境，有计划地兴建了以永济渠、通济渠、山阳渎、江南运河为骨干的4条首尾相接的运河，形成以洛阳为中心，西通关中盆地、北抵河北平原、南至江南地区的全国性运河网。它沟通了海河、黄河、淮河、长江和钱塘江五大水系，横贯东西，纵贯南北，长达2700余千米。唐代，为发挥大运河的效益，进一步进行了维修和扩建。由于隋唐两代运河的走向基本一致，因此习惯上将这一时期以隋唐都城为中心，沟通全国的水运网络称为"隋唐运河"，或称"隋唐大运河""南北大运河"。

第三个时期是元代（13世纪后期）。元朝定都北京，骨干运河的布局发生重大变化，元世祖忽必烈下令开凿了会通河、通惠河等河道，将大运河改造成为北起北京、南至杭州，位居东部的南北交通干线。它同样沟通了海河、黄河、淮河、长江和钱塘江五大水系，习惯上称为"京杭运河"，或称"京杭大运河"。明清两朝维系了这一基本格局，并进行了多次大规模的维护和修缮，成为国家的主干运输线路，被称为"漕河"。明代根据漕运利用的水道，将其分为七段：白漕、卫漕、闸漕、河漕、湖漕、江漕、浙漕，分别对应现在的北运河、南运河、

▲ 我国最早的一部关于运河的专志——《漕河图志》

会通河、废黄河、里运河、长江、江南运河。由于元明清三代运河走向基本一致，因此也称这一时期的运河为"元明清大运河"。

在漫长的历史发展进程中，中国大运河的发展关系着国家统一、经济发展和文化繁荣，被称为千年国脉。

政治上，中国历史上秦代、隋代、元代三次大统一，都把建设全国性的运河作为优先规划和实施的大事，历朝历代也都把维护运河的通航作为要务。唐代，大运河对维系唐王朝政权有着重要意义。唐德宗初年，受藩镇割据影响，漕运中断，帝国中枢岌岌可危。因粮食匮乏，守卫长安城的禁军哗变，包围皇宫。在这危急时刻，远在润州的韩滉自江淮运去大米3万斛。德宗得到消息后，涕泗滂沱，对太子说："米已至陕，吾父子得生矣！"清代康熙眼中的治河与漕运："朕听政以来，以三藩及河务、漕运为三大事。"每年400万石粮食通过运河北运，维持了王朝的统治。他把这三件大事"书而悬之宫中柱上"，时时提醒自己，足见运河对政治稳定的重要性。

经济上，《旧唐书·崔融传》记载："天下诸津，舟航所聚，旁通巴汉，前指闽越，七泽十薮，三江五湖，控引河洛，兼包淮海。弘舸巨舰，千轴万艘，交贸往还，昧旦永日。"描绘出这条运河水运网在国家经济上的不可或缺。明代全国有八大钞关，其中7处在运河上。运河水运的关税占92.7%，其余的7.3%是长江的税收。中国古代是农业社会，

▲ 我国现存唯一的钞关遗址——临清钞关

7

虽然商品经济不发达，但运河在商品流动当中却占有重要地位。历代运河的开通，促进了一批运河沿岸城市的兴起与繁荣，特别是在一些水路交汇点先后兴起了一批工商业城镇，如唐宋时期的汴州、宋州、楚州、扬州、润州、常州、苏州、杭州等，就是当时最著名的运河城市。

文化上，大运河的开通，也促进了中外文化之间的交流。唐宋时期有大量的国外使者和学者来中国朝圣或求学，他们多自运河来去，承载着经济文化交流的重任。他们中有些人生动地记述了运河及其沿岸繁华的景象，如唐代日本僧人圆仁、宋代日本僧人成寻关于运河的作品流传至今。再如，元朝意大利旅行家马可·波罗所写游记最精华的部分，就是关于运河的记载。运河所经名城荟萃，人才辈出，是我国历史面貌的重要见证。

不仅如此，中国大运河所经地区由于地形地质的不同以及水资源条件的差异，工程建设碰到许多难题。为实现顺利通航的目的，适应社会政治、经济、文化的需求，历代人民克服了种种困难，在水利科技领域取得诸多辉煌成就，谱写了一曲壮美赞歌。

工程规划方面，京杭运河是我国古代工程规划的典范。在水资源和地形地质条件不同的区段，开展了各具特色的高水平的工程规划，综合解决了汇水、引水、节水、通航、防洪等难题，实现了全线通航，形成了沟通南北、枝蔓全国的水运交通网络。其中，白浮引水、引汶济运、南旺分水、清口枢纽等，至今受到国内外专业人士的赞赏。

水利技术方面，唐代时，大运河与长江交汇处的瓜洲渡，出现了世界最早的斜面升船机。其中最

▲ 洪泽湖大堤

大的瓜洲堰，以22头牛作为升船动力，实现长江中的航船进入淮扬运河。北宋淮扬运河上的西河闸，是世界上最早的复闸，比西方早约400年。元代，京杭运河上已有了通惠河、会通河等多个渠化河段。清代，高家堰在长期大规模的修筑后，形成当时世界上最大的人工湖 —— 洪泽湖，蓄水量达30多亿米^3，综合解决了蓄水、运河供水、冲沙、分水、防洪等多项水利需求，高家堰也成为17世纪以前世界坝工史上具有里程碑意义的大坝建筑。以高家堰、洪泽湖为主体的工程体系也成为17世纪工业革命前世界水利工程技术最高水平的代表。

枢纽工程建设方面，最为杰出的代表当数南旺枢纽工程和清口枢纽工程。南旺枢纽工程位于今山东省汶上县南旺镇。该工程根据地形高差大、水源不足的特点，建设了水源工程、蓄水工程、节制工程等系列工程，它们协同配合，实现了"七分朝天子，三分下江南"的合理分流，确保了漕运船队顺利翻山越岭，被当时的英国访华使团称之为"独具匠心"的巨大工程。清口枢纽工程位于今江苏省淮安市的清口。历史上，运河北上，淮河西来，黄河南下，三者交汇于此，由此形成世界上罕有的大江大河平交格局。明清两代为保障运河顺利通航，相继修建了一系列工程，形成了一套系统的工程措施。包括：开泇河、中河，使运河逐步脱离黄河的干扰；加高加固高家堰大堤，拦截淮水尽出清口，保持运口的畅通；修建大量减水闸和滚水坝，确保运道安全等。在这些措施的综合运用下，在近500年的时间内基本维持了京杭运河的畅通。这是在当时社会、经济、科技水平下，人与自然持续500年的较量，在世界治河史和航运史上都是绝无仅有的。

工程管理方面，历代人民在长期建设和管理过程中，总结出一整套大运河的工程建设指挥体系、运河管理指挥体系、漕运运输指挥体系，并制定了完善、严密的章程规划、制度措施，为保证历代浩大的工程建设和保持运道通畅提供了重要保障。

此外，在大运河建设和运行中，也涌现出一批杰出的工程技术专家。元代著名科学家郭守敬，在运河规划中提出了海拔概念和中国特色的渠化工程，这在当时处于世界领先水平。明代著名水利专家潘季驯提出的束水攻沙理论，在黄淮运综合治理中得到了成功实践，至今仍在运用。

如此看来，如果说长城是中华民族的脊梁，那么大运河就是我们民族流动的血脉。在这一撇一捺大写的"人"字的两侧，西有陆上丝绸之路，东有海上丝绸之路。由此组成一个脊梁坚挺、血脉流畅、交流开放的"人"，生动体现了中华民族进步与发展、交流与对话的文明历史。

知识拓展

中国大运河世界之最

1. 世界上通航时间最长的运河—— 京杭运河

元至元三十年（1293 年），随着通惠河的建成，京杭运河全线完工，至今已有 7 个世纪，是世界上连续通航时间最长的运河。

2. 世界上空间跨度最大的运河—— 隋唐运河

隋唐运河从北至南跨越海河、黄河、淮河、长江、钱塘江五大水系，从北纬 30° 12′ 到北纬 40° 00′，东西跨越千余公里，是世界上空间跨度最大的运河。

3. 世界最早的复闸——宋代淮扬运河上的西河闸

北宋雍熙元年（984 年），淮扬运河的西河闸采用两个闸门的船闸，当时称"二斗门"，实际上就是复闸，它是现代船闸的雏形。欧洲最早的复闸于 1373 年出现在荷兰。我国复闸的出现比西方早近 400 年。

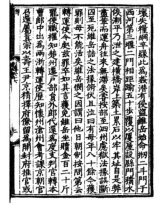

▲ 《宋史·乔维岳传》
记载二斗门的书影

4. 世界上现存建筑年代最早的复闸实例——宋代江南运河上的长安闸

江南运河上的长安闸建于北宋熙宁元年（1068 年），由 3 座闸门之间形成的 2 间闸室组成，是建

▲ 长安闸现状

11

于宋代的具有代表性的复闸，是世界上现存建筑年代最早的复闸实例，是这一时期中国水利技术领先世界的标志性工程。

5. 13 世纪前地形高差最大的越岭运河——京杭运河会通河段

会通河是京杭运河全线地势最高、地形高差最大的河段。历史上的会通河，地势以山东济宁南旺镇为最高。据《明史·河渠志》记载，会通河的南旺湖，北至临清 300 里，地降 90 尺；南至镇口（徐州对岸）290 里，地降 116 尺。从南旺分水口向南北两侧降低，南北两侧地形纵坡降 0.2‰左右。会通河最高点南旺与京杭运河中段的两个最低点（分别位于扬州长江口和天津静海附近）的最大高差约 30 米。

6. 世界上最早的梯级船闸工程——公元 13 世纪会通河梯级船闸

欧洲最早的梯级船闸工程出现在法国布里亚尔运河（the Canal du Briare），该运河于 1642 年竣工通航。13 世纪末会通河上形成的梯级船闸工程，比其早 300 多年。

7. 世界上最早以满足航运需求为目标的水源工程——南旺枢纽水源工程

京杭运河南旺枢纽工程形成于 15 世纪初。为调节运河来水的不均，工程师们开辟北五湖和南四湖为蓄水水柜。欧洲最早的以满足航运需求为目的的水源工程是法国米迪运河水源工程（1667—1771年）。京杭运河南旺枢纽工程的建设时间要比欧洲米迪运河水源工程早 200 多年。

▲ 灵渠南陡——天下第一陡

8. 世界最早出现的多级船闸运河——灵渠

灵渠位于广西兴安县，开凿于公元前 3 世纪，最多时有陡门 36 座，因此又有"陡河"之称。灵渠的陡门是世界最早的多级船闸的雏形。

9. 世界上第一条越岭运河——灵渠

灵渠位于广西兴安县，开凿于公元前 3 世纪。德国施特克尼茨运河（the Stecknitz Canal）于 1398 年开通，是欧洲第一条越岭运河。灵渠的建设时间比其早 1600 多年。

▲ 灵渠南渠典型弯道段落
（牯牛陡处）

10. 世界上现存最早的弯道代闸技术实例——灵渠南北渠道

灵渠南北渠道为降低渠道比降，由人工开挖了多个连续弯曲的 S 形渠段，来解决水流的落差和流速等航行问题。这是世界上现存最早的弯道代闸技术实例。

◎ 第二节 东方奇迹

　　第一节主要从中华文明的角度，对中国大运河的历史发展过程以及水利科技成就进行了扼要简述。本节试图站在世界的角度，就西方人眼中的中国大运河的盛况简述如下。

　　首先看西方第一部有关中国的著作《马可·波罗游记》中有关大运河的记载：

　　"有一条既深且宽的河流经这座城市（注：今山东临清），所以运输大宗的商品，如丝、药材和其他有价值的物品，十分便利。"

　　"城（注：今山东济宁）的南端有一条很深的大河经过，......河中的船舶往来如织，仅看这些运载着价值连城的商品的船舶的吨位与数量，就会令人惊讶不已。"

　　"这条交通线是由许多河流、湖泊以及一条又宽又深的运河组成。这条运河是由大汗下令挖掘，为使船舶能从一条大河驶入另一条大河，从而由蛮子省可直达汗八里，而用不着沿海航行。"

　　既深且宽的河流、数量众多的船舶、大宗的谷米货物，令人置身于繁忙的水运航线上，到处樯帆林立、舟楫穿梭。这一令人无限遐想的场景，实际上描述的是 13 世纪大运河的水运状况，也是元代著名的意大利旅行家马可·波罗（1254—1324 年）从北京沿大运河南下扬州途中的写照。马可·波罗于 1271 年来到中国，前后生活了 17 年，后将他在中

▲ 马可·波罗像

国的所见所闻写成《马可·波罗游记》。由于书中充满了西方人前所未闻的奇闻异事，该书遭到了人们的怀疑和嘲讽。直到 15 世纪以后，随着地理大发现的开展与新航路的开辟，许多西方传教士和旅行家相继来到中国，《马可·波罗游记》中谈到的许多事物得以证实。从此，人们不再将其视为荒诞不经的神话，转而对古老的中华文明充满了各种憧憬，对贯通中国东部的大运河更是发出各种赞叹！

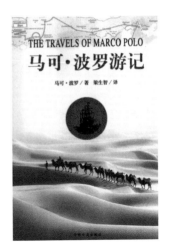

▲ 《马可·波罗游记》中译本

　　"为了从南京由水路到达北京皇城，中国的皇帝从这条河流（指扬子江）到另一条由于它那汹涌流水的颜色而叫作黄河的河流，修建了一条长运河。……从水路进北京城或者出北京都要通过运河，运河是为运送货物的船只进入北京而建造的。"

　　这是意大利天主教耶稣会传教士利玛窦（1552—1610 年）笔下的大运河。他于 1583 年来过中国，在中国生活了 30 多年，著有《利玛窦中国札记》。

▲ 《利玛窦中国札记》中译本

　　"这个国家分为 15 个省，……他们所称的南方 9 省，大部分地区都有大河灌溉，其中有几条水量丰富，许多地方望不到对岸，即使有能望到的地方，也很难观看清楚。它们都可通航，经常有大量船只行驶。谈到这种情况，使人难以置信。我要说的是，在这方面，它们超过世界上所有其他的河流。我曾在流往杭州的南京河的一个港湾停留 8 天，等待数量惊人的汇集起来的船只通过。一个沙漏时辰过去，仅数一数往上航行的小船，就有三百艘。那么多的船都满载货物，便利旅客，简直是奇迹。"

▲ 《大中国志》中译本

▲ 乔治·马戛尔尼勋爵

这是葡萄牙耶稣会传教士曾德昭（1585—1658年）眼中的大运河。他于1613年和1617年两次来到中国，前后在中国生活了22年，著有《大中国志》。

"中国人说，过去这里是汪洋一片，只是通过辛勤的劳动才将部分水引入大海，将其余的水留给人们四处开凿的众多的运河。果真如此，我真不知怎样赞赏中国的能工巧匠们的勇气和机智，是他们曾整省整省地开凿疏导，才使世界上最美丽最肥沃的，海洋般辽阔的平原得以诞生。一些很少受到物理及水平测址原理教育的人，竟然能将如此伟大的工程完成得尽善尽美，真是让人难以相信。运河常是笔直的，布局有序。为了保养运河，人民开辟了与河流相连的通道，以及洪水时溢洪的出口。中国人的机智灵巧至少起了很大的作用，这是不容怀疑的。"

这是法国耶稣会传教士李明（1655—1728年）对大运河的评价。他于1685年来到中国，以数学家的身份被派往康熙宫廷候职，1692年返回法国。著有《中国近事报道：1687—1692》。

"中国人历尽艰辛，巧妙筹划，使全国水路网络四通八达，或一改河流故道，或开凿新的运河，全国各地都有水路与北京相通。"

这是罗马尼亚学者尼古拉斯·巴塔鲁·米列斯库（1636—1708年）眼中的大运河。他在清康熙十四年（1675年）作为俄国公使来到中国，著有《中国漫记》。

清乾隆五十八年（1793年），英王任命乔治·马戛尔尼（1737—1806年）为大使率团访问中国，前后历时两年多。该使团成员对大运河予以了由衷的赞叹。使团副使乔治·斯当东（George Staunton，1737—1801年）在其著作《英使谒见乾隆纪实》中写道：

"当初运河的设计者一定是从这个高处统筹全局的。他站在这块地势很高的地方，独具匠心，设计出这条贯穿南北交通的巨大工程。"

使团主计员约翰·巴罗（1764—1848年）则感叹道：

"另一个其宏伟不亚于它（注：长城）、在实用上超过它的工程。这就是通称的御河即大运河，世界历史上绝无仅有的内陆大航道。我可以保证说，论大小，我们英国最长的内陆航道与这条横越中国的大干线相比较，犹如花园鱼池之对威南德麦尔大湖。……无论是中国人还是鞑靼人修造，这项工程的构想及其实施，都说明他们高超的科技水平。"

"长运河""难以置信""尽善尽美""难以相信""水路网络""独具匠心""巨大工程""绝无仅有"……所有这些词汇，无一不流露出明清时期西方传教士对中国大运河的赞誉和惊叹。

近代以来，被称为"中国人民的老朋友"的英国皇家学会会员、科技史专家李约瑟（1900—1995年）对大运河也给予了高度评价。在其所著《中国科学技术史》中写道："这确实是一个伟大的工程，更惊人的是人们记得大运河的河道同世界上两条最大的河流连接起来，而其中一条是变迁最大的。"

20世纪末，在国际古迹遗址理事会（ICOMOS）与国际工业遗产保护委员会（TICCIH）联合发布的《国际运河古迹名录》中，将中国大运河列入"具

▲ 《英使谒见乾隆纪实》中译本

▲ 李约瑟

▲ 《中国科学技术史》中译本

17

有重大科技价值的运河"中，指出："尽管已经过了中国大运河的黄金时代，但是它仍然在使用中，而且仍然是世界上最长的运河。""一些段落属于已知最早的一些越岭运河。有记载的第一座厢式船闸于10世纪诞生在中国大运河。1072年的一篇文献则提到了一个有关梯级船闸的记载。"

21世纪以来，在中国大运河申遗成功后，内河航道国际组织（IWI）主席大卫·爱德华兹-梅（David Edwards-May）在谈到中国大运河时指出："如果说中国大运河是'运河之母'则不为过。它与分布于全球各地的运河共同促进了全世界对运河的价值的认识。运河是卓越的交通基础设施，同时又兼具许多其他功能。运河本身，无论是河道本身还是河流两岸，都充满着生命力。中国大运河集中了所有这些价值和功用于一身，它仍然是现代商业物流的重要航线，它沿线的历史文化城市大众旅游蓬勃发展，人们也在大运河中找到了垂钓以及其他各类休闲乐趣。"

上述罗列了13世纪以来西方人对中国大运河的赞誉，足以证明中国大运河在世界范围内的重要地位和深远影响。这与中国古代高度集中的中央集权制度有关，能够有效地组织人力、物力和财力从事大规模的公共工程建设，这是世界其他国家所无法比拟的。同时，中国大运河的建设和繁荣发展，也充分体现了古代劳动人民的聪明才智和创造力。中国大运河的历史，就是一部中华民族的奋斗史和创业史！

本书以下，就让我们拂去历史的灰尘，一起追寻大运河的过往，去聆听它那迷人的故事，了解它曾经的辉煌和沧桑！

第二章 不凡的身世

——早期运河的开发

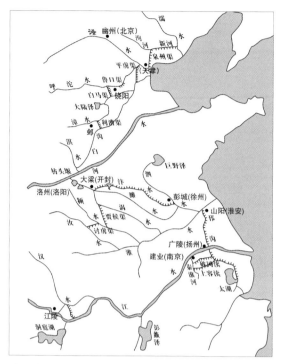

▲ 隋代以前(公元6世纪前)
主要运河分布示意图

　　传说在大禹治水时期，今黄河流域便已有水运交通了。春秋时期已见关于运河的记录，司马迁在《史记·河渠书》中，较为系统地描述了春秋战国时代运河开凿的盛况，勾绘了运河建设的繁荣景象。早期运河大多顺着自然地形开辟，地形平坦，技术简单，规模也较小，但这些运河"身世"都不简单，不仅为后来贯通全国的大运河的兴建奠定了基础，而且这些运河的决策兴建都与历代帝王将相直接相关。春秋战国诸雄、秦皇汉武，以及一代枭雄曹操，都在中国运河建设史上留下了足迹。隋代以前修建的主要运河有：邗沟、鸿沟、胥溪运河、灵渠、关中漕渠，以及曹操在华北平原修建的诸运渠。

◎ 第一节 最早的运河在哪里？

　　关于我国最早运河的问题，目前学术界尚无统一认识。春秋时期修建的位于陈国和蔡国之间的运河、吴国在太湖平原水网开凿的水道、楚国在江汉地区开凿的运渠，都曾进入人们的讨论范围之中。

甚至更有学者追溯至商朝末年的太伯渎（泰伯渎）。根据著名历史地理学家史念海先生的研究，春秋时期楚国宰相孙叔敖在沮水附近开凿的运河是我国最早的运河。

　　春秋时期，楚国主要占据洞庭湖以北的长江中下游地区。这里地势低洼，河道纵横，东有云梦湖泊之饶，南有长江舟楫之利，是一个水泽之国，很适合发展水运事业。孙叔敖在出任令尹前，曾在今河南固始一带"决期思之水，而灌云雩娄之野"，修建水利工程。在楚庄王时期（公元前 613—前 591 年）出任令尹后，在楚都郢（今湖北江陵）附近，利用当地自然地理条件，继续兴修水利，发展水运事业。据《史记·循吏列传》裴骃集解引《皇览》说："或曰孙叔敖激沮水，作云梦大泽之池也。"古代，沮水、漳水入长江通云梦泽，沮水是长江的支流，这一工程应当位于沮水、漳水下游，沮水以东为杨水，是汉水的支流，因此，这条运河当是沟通沮水和杨水，也就是沟通了长江与汉水的联系，对以郢都为中心区域的水路运输以及灌溉都带来极大便利。谭其骧同样认为最早开凿运河的是楚国，他解释《史记·河渠书》中"于楚，西方则通渠汉水、云梦之野"为指出："西方一渠当为杨水，工程的关键是在郢都附近，激沮、漳水作大泽，泽水南通大江，东北循杨水达汉水，所经过的地方正是当时所谓云梦。"并称这条运河是由公元前 6 世纪初的楚相孙叔敖主持开凿的。后人称这条运河为江汉运河，也有称荆汉运河、云梦通渠的。杨水运河是我国历史上第一条人工运河，比吴国于公元前 486 年开挖沟通江淮的邗沟早 100 多年。

小贴士

孙叔敖

　　孙叔敖（? —前 595 年），春秋时期楚国期思（今河南省淮滨县）人。曾任楚国令尹，著名水利家、政治家和军事家。公元前 605 年，他主持兴建了我国最早的大型引水灌溉工程——期思雩娄灌区，后世称之为"百里不求天灌区"。相传我国最早的蓄水灌溉工程——芍陂也是他主持修建的。

小贴士

《史记·河渠书》

　　我国第一部纪传体通史《史记》中的一篇，扼要记述了从大禹治水到汉武帝时期全国各地防洪治河、引水灌溉等水利活动，并把黄河治理作为最重要的大事。后人多称其为我国第一部水利通史，也是后世历代正史撰述河渠水利专篇的典范。该篇第一次赋予"水利"以治河、修渠的含义，之后人们世代相沿，直至现代。

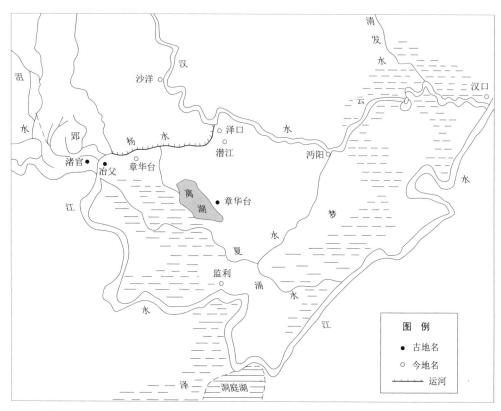

清发水

汉水

沙洋

汉口

沮水

云

郢

杨 水

泽口

潜江

沔阳

水

渚官

冶父

章华台

离湖 章华台

江

水

梦

夏 水

监利

涌 水

水

江

泽

洞庭湖

图 例
● 古地名
○ 今地名
━━━ 运河

▲ 杨水运河示意图

这条运河还有一个名字——子胥渎。子胥就是春秋时期吴国军事家、谋略家伍子胥。这一得名源自吴楚之间的一场战争。孙叔敖开通这一运河后，到楚灵王（公元前540—前529年）时，在郢都附近开渠通漕。当时楚灵王在郢都东南修筑了一座章华台，开渠的目的就是便于章华台的漕运。渠道规模较孙叔敖开挖的渠道要大很多。到楚昭王（公元前515—前489年）时期，伍子胥利用这一运渠，率军伐楚，由汉水入杨水，再由杨水入江水，直击楚国都城。出于战争的需要，伍子胥对这一运河进行了疏浚，因而也被称为"子胥渎"。

这样，这一运渠经孙叔敖开凿，又经伍子胥疏浚之后，它的存在和作用，就不仅仅限于楚吴两国

24

的军事需要了。从地图上来看，这一运河由湖北江陵至潜江，直线距离不过 70 千米，若要从江陵顺长江而下至汉江口，再溯汉江而上至潜江，水道里程约 750 千米，如此一来，这一运河的开通，在江陵和潜江之间的沟通上，缩短里程约 680 千米。因此，从更大程度上来看，这一运河在客观上改变了以往长江与汉水之间无水路联系的状况，极大地方便了长江和汉水之间的水路交通，促进了区域经济文化的发展，也促进了江汉地区对外沟通与交流。

◎ 第二节 司马迁笔下的运河

　　西汉著名史学家、文学家司马迁写就的《史记》，是我国第一部纪传体通史。该书卷二十九为《河渠书》，扼要记述了我国从上古至秦汉的水利发展情况，堪称我国第一部水利通史。书中叙述了春秋战国时期运河开凿的盛况，勾绘了运河建设的繁荣景象。

　　"自是之后，荥阳下引河东南为鸿沟，以通宋、郑、陈、蔡、曹、卫，与济、汝、淮、泗会。于楚，西方则通渠汉水、云梦之野，东方则通鸿沟江淮之间。於吴，则通渠三江、五湖。於齐，则通菑济之间。於蜀，蜀守冰凿离碓，辟沫水之害；穿二江成都之中。此渠皆可行舟，有余则用溉浸，百姓飨其利。"

　　实际上，春秋战国时期开凿的运河远不止这些，但是司马迁所记载的这些人工水道，后来大多演变为中国大运河的重要河段，具有重要的战

▲ 《史记·河渠书》描述战国运河盛况的书影

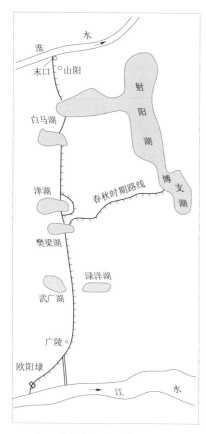

▲ 东晋时邗沟水道示意图

略价值，如鸿沟是通济渠的前身，邗沟是淮扬运河的前身等。这里以邗沟、鸿沟和胥溪运河为代表，借此来一窥春秋战国运河的开凿情况。

一、吴王夫差与邗沟

春秋时期吴国末代国君夫差（约公元前528—前473年），生性好战。在其执政期间（公元前495—前473年），初期励精图治，大败勾践，使吴国达到鼎盛，后期对外穷兵黩武，屡次北上与齐晋争锋。后吴国被越王勾践所灭，夫差自杀。在北上伐齐之际，出于军事征战的需要，夫差于公元前486年，在今扬州至淮安之间，修建了一条运河，这就是我国历史上第一条有确切年代记载的运河—— 邗沟。

邗沟因临近邗城（今江苏扬州）而得名，它联系了长江和淮河的水运，为这次行动提供了后勤保障。《水经注·淮水》记录邗沟（当时也称韩江、中渎水）经行时说："中渎水自广陵北出武广湖东、陆阳湖西，二湖东西相直五里。水出其间，下注樊梁湖。旧道东北出，至博芝、射阳二湖，西北出夹邪，乃至山阳矣。"即从今扬州北上，经沿途众多湖泊直到今淮安市入淮河，由于其利用当地密布的河湖水网，用人工渠道加以沟通，因此难免曲折，又有风浪之险。最大的曲折是在射阳湖上下，运河先是北过高邮后折向东北，再出射阳湖西北入淮，全长约150千米。这样的曲折直到东晋永和年间（345—356年）方才舍弃射阳湖，在湖的西面向北开凿渠道直接入淮。利用天然河湖减少运河施工量是适应当时生产力和军事行动特点的普遍做法。裁弯取直工程表现了运河建设的历史进步。

后世对邗沟经过了多次改线和扩建，隋唐以后成为隋唐大运河和京杭大运河中的重要一段。今江苏扬州城北，仍留存一段邗沟故道，从螺蛳湾桥向东直达黄金坝，长 1.45 千米，作为景观河道使用。

二、魏惠王与鸿沟

今天，我们常用"鸿沟"泛指明显的界限。殊不知，鸿沟最早是战国时期一条沟通黄河和淮河的运河，位于今河南省和安徽省。这条运河的开凿，同样与战争有着密切联系。"楚河汉界"的历史典故，也与这一运河有着密切关系。

战国时期，群雄争霸，比较强大的诸侯国有七个，史称"战国七雄"。其中魏国是最先强盛而称雄的国家，魏文侯和魏武侯在位时期，实行变法改革，奖励耕战，兴修水利，奠定了在中原的霸主地位。公元前 370 年，魏惠王即位，为魏国第三任国君。魏惠王（公元前 400—前 319 年），姬姓，魏氏，名罃，是一位雄才大略的君主。他即位之时正是魏国国力鼎盛时期。由于魏国崛起过程中，重视兴修水利，著名的如漳水十二渠，因此，魏惠王对水利在社会发展中的重要性有着深刻认识，这为他日后发展水运打下了基础。

为了进一步巩固霸业，加强自己在中原腹地的势力，公元前 361 年，魏惠王决定将国都从安邑（今山西夏县）迁至大梁（今河南开封）。次年即着手

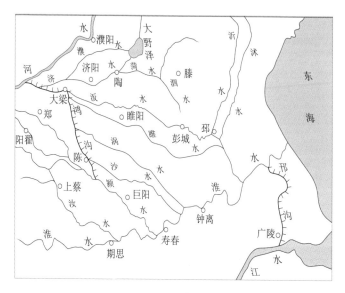

▲ 战国时期鸿沟水系示意图

水运建设，所修的运渠就是鸿沟。

从《水经注·渠水》记载来看，鸿沟的修建分两次完成，第一次是魏惠王十年（公元前360年），第二次是二十年后，即魏惠王三十一年。这一运河的行径是由大梁引黄河水，向东折而南，入颍河通淮河，把黄河与淮河之间的济、濮、汴、睢、颍、涡、汝、泗、菏等主要河道连接起来，构成贯通黄淮之间的水运交通网。这一运渠经由圃田泽调节，水量充沛，与其相连的河道，水位相对稳定，对发展航运很有利。

鸿沟开凿之初并没有正式名称，大约因其沟幅比较宽阔，故俗称大沟。鸿沟之名最早见于《战国策·魏策·苏秦为赵合纵》："苏子为赵合纵说魏王曰：'大王之地，南有鸿沟。'"这一事件发生在魏昭王年间（公元前295—前277年），说明大约在其开凿40年之后，才有鸿沟之名。后来，以大梁城为枢纽，还修建了多条沟通黄淮的运河工程，也都泛称"鸿沟"。因此，广义的"鸿沟"其实不只是一条运河，而是覆盖整个中原腹地的运河系统。战国时期的魏国，正是通过这个人工水网，控制它在中原腹地的国土，维护和巩固它的霸权地位。

鸿沟的开通，使魏都大梁成为全国水路交通的核心地区，为该地区社会经济发展提供很大的方便，也促进了沿河城市的繁荣，如位于济水、菏水交会处的陶（今山东定陶）、沙水与鸿沟交汇处的陈（今河南淮阳）、西肥河和颍水入淮处的寿春（今安徽寿县）、睢水岸边的睢阳（今河南商丘）等都成为当时的大都会。鸿沟的开通，也使魏国的霸权地位进一步得到加强，公元前 344 年，魏惠王率领诸侯朝见周天子，史称逢泽（今河南开封）之会，标志着魏国正式成为新一代的霸主。

▲ 鸿沟石碑

鸿沟在荥阳广武山的一段，沟口宽约 800 米，深 200 米，加之北临黄河，西依邙山，东连大平原，南接中岳嵩山，地理位置险要，成为历代兵家必争之地。楚汉相争时，就是以此为界划定两国疆域。现在的象棋棋谱，两军对垒的分割线楚河汉界指的就是这段鸿沟。鸿沟在秦汉之后得到更大发展，成为联系隋唐都城长安（今陕西西安）和江南地区的骨干运河。

如今的鸿沟古迹，虽然无处可寻，但它所创造和改写的历史，却成就了一个文化意义上的"鸿沟"。无论是"泗水鸿沟楚汉间，跳兵走马百重山"中的意象，还是象棋棋盘上的楚河汉界，都是这条古老运河流淌至今的文明浪花。

▲ 楚河汉界中的鸿沟位置

三、伍子胥与胥溪运河

伍子胥(公元前 526—前 484 年),名员,字子胥,又称申胥,春秋时期楚国人,官至吴国大夫。伍子胥是一位富有远见的政治家、军事家,在水利上也颇有建树。

公元前五六世纪之交,吴国争雄称霸,与楚国连年用兵,战事不断。吴国都城吴(今江苏苏州),势力范围在今江浙一带;楚国都城郢(今湖北江陵西北),势力范围在今长江中游一带。因而战事便在江淮之间展开。当时吴国的进军路线只有两条:一是向东出海,沿海北上至淮河口,然后溯淮西进,打进楚国;二是北出长江,溯江西上至濡须口(今安徽无为),到达巢湖,进入作战区。但这两条路线不但迂回曲折,路途遥远,而且还有江海风涛之险。为便于军事运输,伍子胥向吴王阖闾建议,开挖一条沟通江南富庶地区和太湖的运河。这就是后来的胥溪运河。

今天来看,这一带的地理条件,太湖西面有一条东西流向的河流荆溪,穿过漏湖、长荡湖后,注入太湖。荆溪往西,有一条南北流向的河流水阳江,穿过固城湖、石臼湖和丹阳湖,流入长江。荆溪和水阳江之间,直线距离很近,但其中有一段十多里长的冈阜——茅山。茅山最高处海拔 20 米,东西方向宽约 7.5 千米,茅山以西地区高程降为 8 米,以东则降为 6 米,茅山山脉无论东面还是西面,高程落差都较大,不利于航运。因此,如何穿越茅山丘陵地带,就成为运河开凿的关键。为解决水位落差问题，伍子胥沿着这条不长的运河设计了五道堰坝，横拦水道，各堰之间存蓄天然降水或人力车水入堰，用以平缓水势，达到了"挽拽轻舟"的目的。这条运河，便是胥溪运河，又有堰渎之称，俗称五堰。如此，就形成了太湖上游的荆溪和通过水阳江下注长江的航运通道，成为事实上的跨越山岭的运河。

胥溪的开挖，沟通了长江和太湖水道，在便利军事运输的同时，对长江中下游地区的经济发展也起到了促进作用。

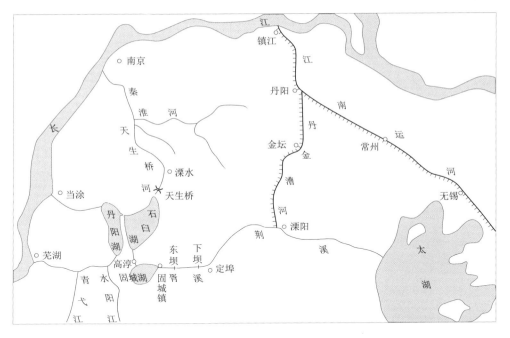

▲ 胥溪与长江、太湖诸水的联系

◎ 第三节 秦始皇与千古灵渠

　　1996 年发布的《国际运河古迹名录》中，位于广西兴安县的灵渠作为等高线运河的代表被收录其中，其价值评分得到了 11 分（满分 12 分）。2018 年 8 月，灵渠再度闪耀国际，成功入选世界灌溉工程遗产名录。此前，1982 年和 1988 年，灵渠还被国务院批准成为国家重点风景名胜区和全国重点文物保护单位。如此一来，难免会有读者想了解一下，灵渠是谁决定修建的？它有哪些突出特色呢？

　　说起灵渠，那就要提到秦始皇了。秦始皇（公元前 259—前 210 年）是中国历史上第一个称皇帝的君主，嬴姓，名政（正），也是完成华夏大一统的铁腕政治人物，奠定了中国 2000 余年政治制度基本格局，被明代思想家李贽誉为"千古一帝"。他的卓越功绩之一，就是修建了沟通长江流域湘江和珠江流域漓江的著名水运工程——灵渠。灵渠初名秦凿渠，《旧唐书》作"澪渠"，亦作"零渠"，唐朝咸通年间（860—874 年）桂州刺史鱼孟威作《桂州重修灵渠记》，首见灵渠之名。明清两代称陡河，近代又称湘桂运河、兴安运河。

　　关于灵渠修建的背景，史载秦始皇统一六国后，于公元前 219 年派屠睢率领 50 多万大军，兵分五路南征百越。此时的百越地区还处于相对落后的原始部落状态，尚未纳入中国版图。其中，出兵东瓯和闽越地区（福建、浙江）的一路很顺利，当年就平定了此地。而其余进攻岭南的四路，遭到了土著民众的顽强抵抗，加之山高路险，军粮运输困难，秦军与之相持三年都未能取胜，且伤亡惨重，屠睢战死。这时，秦始皇审时度势，展现出一代帝王的风范，决定开凿运河，用以运输粮饷，再征战岭南。公元前214年，秦始皇命监御史史禄督率兵民在兴安附近修建运河，将湘江与漓江连接起来，这条运河就是灵渠。灵渠修通后，秦军后勤补给得到保障，迅速攻占了岭南地区，并设立桂林、象郡、南海三郡，完成了全国统一大业。

不过，灵渠的伟大，绝不单单是它发挥的军事和交通运输作用。灵渠的伟大之处，更重要的是在于它科学的工程设计和精巧的工程建造。

从地理形势上来看，广西兴安县西北的越城岭和西南的海洋山之间有一条南北向的地理走廊——湘桂走廊，自古就是岭南通往中原的交通要道。与岭南其他走廊相比，湘桂走廊有长江流域的湘江和珠江流域的漓江两大河流。湘江自南向北流，注入

> **小贴士**
>
> **史禄**
>
> 史禄，秦朝人，名禄。任监御史，亦称监禄。监御史主要负责郡级的监察、人才举荐、工程修建等。在秦始皇南定百越的统一战争中，史禄负责转运军需，在今广西兴安附近开凿灵渠，为秦统一全国奠定了基础。宋代诗人刘克庄赞誉其为"天下奇男子"。

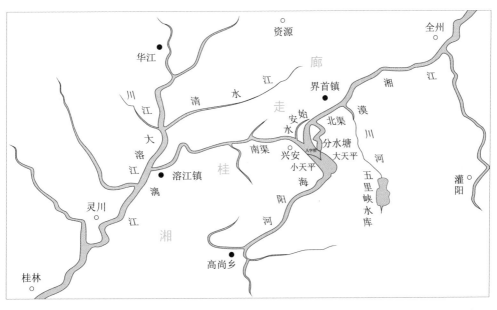

▲ 灵渠与湘桂走廊示意图

洞庭湖后贯通长江；漓江自北向南流，汇入西江后再注入珠江。而且，湘江的上源和漓江的一条小支流始安水都发源于兴安的海阳山，二者在山岭的鞍部仅相距1.6千米。但中间横亘着一列土岭，是湘江与漓江的分水岭，宽300余米、高20余米。如果把这列土岭挖穿，就可以连通湘漓二水。这为灵渠的修建提供了极大便利。然而，却不能在这直线距离最近处开挖渠道，因为此处湘江海拔低于始安水近5米，二者高低悬殊，即便开通运河，由于水流湍急，船只也无法航行。

为克服这一高差，工程师们多次勘察，寻找恰当的分流点，发现在湘江与始安水相距4.2千米处、湘江水位高于始安水高程1.1米的地方，有一个湘江上游支流海阳河形成的静水区—— 渼潭（今称分水塘），这里江面开阔，水流平缓，非常适合拦河筑坝，并可容纳多艘船只来往交会。在这里修筑大坝，将湘江之水引入始安水，再将始安水疏浚拓宽，即可往漓江通航。因此，他们便决定在这里拦河筑坝。清代乾隆年间曾在此刻"湘漓分派"碑。这一科学的选址，实现了长江与珠江间的水运往来，成为当年联系岭南的唯一水路，充分体现了我国古人的高度智慧。由于跨越南岭，灵渠成为我国第一条实质意义上的越岭运河。

灵渠全长36.4千米，平均宽

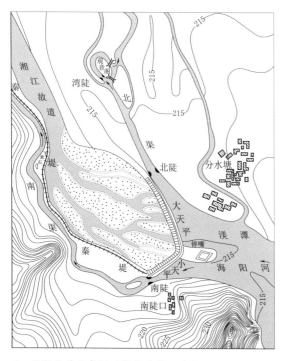

▲ 灵渠渠首示意图（数值单位：米）

10 余米，平均深 1.5 米左右。从结构上来看，分为渠首、北渠、南渠三部分。渠首的分水工程铧嘴类似都江堰的鱼嘴，将湘江一分为二。北支依傍湘江，由于湘江上段坡陡流急，不宜航行，于是又在湘江北岸另修一条北渠，并有意设计成蜿蜒曲折的河段，使湘江坡降由 3.75‰ 降低至 1.7‰，方便人力牵挽行船，北渠下游仍回归湘江。向南分流的南支通往始安水，下入漓江，称作南渠，它与始安水和湘江相接，沟通了长江与珠江水系。

▲ "湘漓分派"碑

南渠因工程类型的不同分为人工河段、半人工河段及自然河段三部分。这是综合考虑湘桂走廊的河流分布、水量、地势等诸多因素的结果。为保持整体水流大方向的一致，势必要使用堰坝等壅水建筑物抬高水位，这一方面解决了河道的流向问题，

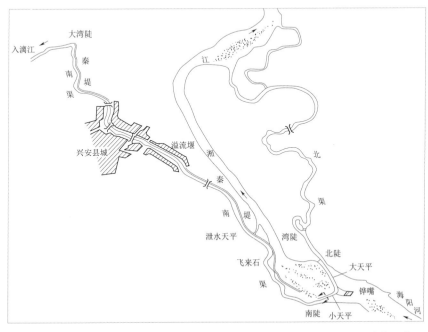

▲ 灵渠枢纽工程结构示意图

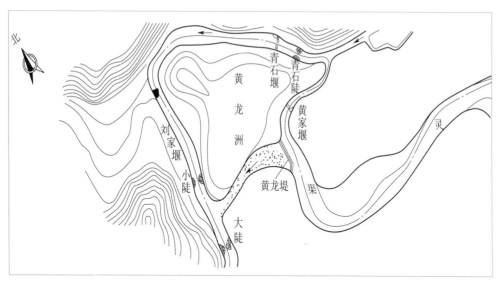

北

青石堰
青石陡
黄龙洲
黄家堰
刘家堰
小陡
黄龙堤
灵
渠
大陡

▲ 黄龙堤段位置图

但另一方面却可能因高差过大造成水流过快而影响航行安全。为解决这一问题，灵渠的工程设计师创造使用了弯道代闸技术，利用弯道延长渠道长度，有效地减缓坡降，解决了因高差变化而带来的航行安全问题，因此灵渠各河段才有了不同的河段类型。特别是在北渠、南渠半人工河段、南渠黄龙堤段运用较为典型，目前仍保留完好，是世界上现存最早的弯道代闸技术实例。

灵渠渠道上采用的弯道代闸技术体现了中国古代农耕文明"返璞归真、道法自然"的工程理念。由于不同的河段采用了与环境结合的技术手法，在景观效果上呈现出蜿蜒回环的形态，强化了灵渠灵动秀丽的景观特征，游行中也给人带来不同的景观感受。

灵渠的水工设施，可分为多个体系，其中核心设施都与水量控制和调节相关，例如陡门、堰坝、溢流坝和泄水道、水涵等。这些水工设施的作用包括改善航行条件（控制水深和流速）、供给周边农田的灌溉以及泄洪。它们共同形成了一套配合精妙的水量控制系统。

以最为经典的渠首大、小天平和铧嘴的配合为例。大、小天平即人字形拦河坝，因为它能"称水高下，恰如其分"，故名"天平"。铧嘴位于大、小天平接合处的顶端，与水流方向平行，主要作用是分水及保障航行安全。大、小天平与铧嘴共同作用，合理地分配南渠和北渠的进水量，大致为三七分水，即三分入漓江、七分入湘江。由于大、小天平的坝身全部为溢流段，当来水超过引水流量时，则在天平顶面自行溢流入湘江故道，以确保渠道安全。

除此之外，古人在水流较急或渠水较浅的河段，还建有若干座陡门（临时性的船闸）。陡门是古代运河上用以节制水流的过船闸门，又称碨、闸、斗门或水门。它是在运河的枯水季节，用以提高通航水位的一种过船建筑物。其形制是用加工后的大条石在河流两侧各砌一个墩台，利用墩台上的槽口和石嘴架设陡杠、水拼和陡箄以抬高水位。过船时敲击陡杠离开依托，使水拼和陡箄崩塌，船顺水过陡。灵渠南北渠口各设一陡，作为南渠和北渠的进水节制闸。当来水能满足两渠需要时，南、北陡同时敞开；当水量小时，则关闭北陡以蓄水，增加水深以保证南渠通航。在枯水季节，南、北陡交替启闭，可保证灵渠的正常通航。灵渠最多时有陡门36座，其中南渠32座，北渠4座，有一些陡门至今保持完好，如南陡、北陡、牯牛陡、星桥陡、祖湾陡、大湾陡、显桥陡等，因此又有"陡河"之称。灵渠的

▲ 灵渠小天平

▲ 灵渠渠首工程——铧嘴

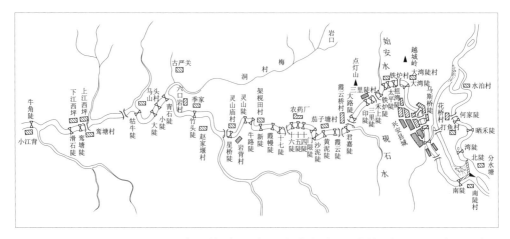

▲ 灵渠陡门分布示意图

陡门是世界最早的多级船闸的雏形。1986年11月，世界大坝委员会的专家到灵渠考察，称赞"灵渠是世界古代水利建筑的明珠，陡门是世界船闸之父"。

灵渠科学的设计、精致的工艺，吸引了众多名人在此驻足，留下了众多动人故事。抗战期间，1943年日寇逼近广西，驻守桂林的李济深将军来到灵渠，参观了从南陡口到兴安县城的灵渠堤坝，感到这段堤坝近看密不可分、滴水不漏，远看好似坚不可摧的万里长城，奉笔题写了"秦堤"两个字。1963年3月，郭沫若视察灵渠，称赞道："秦始皇三十三年史禄所凿灵渠，斩山通道，连接长江、珠江水系，两千余年前有此，诚足与长城南北相呼应，同为

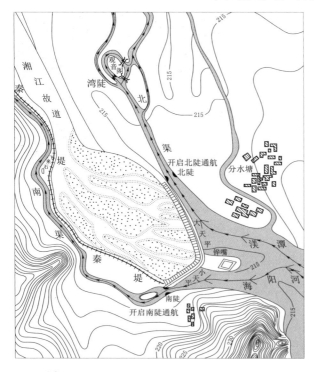

◀ 灵渠南、北陡位置图及水量正常时的分水调节方案（南、北渠同时通航）

世界之奇观。"

　　灵渠是我国古代运河建设史上的壮举，它不仅助秦国完成统一大业，而且连接了长江和珠江两大水系，构成了华中、华南地区的水运网，使中原和岭南之间的水路可以直接相通，促进了中原和岭南经济文化的交流以及民族的融合。汉代以后，一直到民国湘桂铁路开通前，灵渠一直是南北交通运输的大动脉。清代广西巡抚陈元龙评价灵渠说："夫陡河（即灵渠）虽小，实三楚两广之咽喉，行师馈粮以及商贾百货之流通，唯此一水是赖。且有大石堤束水归渠，不使漫溢，小民庐舍田亩，藉以保全，所关非浅鲜也。"

▲　陡门结构示意图

▲　李济深题写的"秦堤"

◎ 第四节 汉武帝与关中漕渠

2000年，考古工作者在西安灞河段家村一带河岸发现了似木箱状的汉代水上木构建筑，之后类同的汉代建筑遗迹在该地域再次出现。这些建筑是做什么的？怎样发挥作用？考古界说法纷纭。2006年，考古人员在该地域再次发现汉代水工埽体遗迹和一处古代水坝遗迹。根据这些遗迹综合分析，得出一个推断：这些遗迹都与汉代人工运河漕渠有关，都是围绕漕渠的修建和使用所实施的附属工程。至今，在西安市东郊一带，还流传着"十里漕渠八里湾，中间夹了个宋家滩"的说法。这里的"漕渠"，并不是具体指哪个村子，而是一个地名，泛指顺着漕渠崖一字排开的诸村落，面积相当于一般自然村的十余倍，所以号称"十里漕渠"。这里的"漕"字，注释了一段令人敬畏的历史。至此，关中漕渠，这一两千年前西汉王朝建造的水利工程，再次出现在人们眼前。这就不得不提一个重要历史人物——汉武帝。正是他，决策了这一工程的修建。

西汉初年，刘邦在满朝争议声中选定都长安。到汉武帝即位时，社会稳定，经济发展，关中人口不断增加，加之禁军、百官的消耗，粮食需求很大。当时京师所需的粮食等物资主要依靠渭河水运，其线路从黄河出发，经过渭水，西至长安。由于渭河水量受季节影响，加之多泥沙，且河道弯曲浅狭，航道长达九百余里，不仅运期长、运程远，而且费用极高，使得漕运极为艰难。特别是随着京师漕运量的逐年增加，这条漕运航道的弊端日益明显，让当时的执政者颇为头疼。

汉武帝

汉武帝刘彻（公元前156 — 前87年），西汉第七位皇帝，奠定了西汉王朝强盛的局面，使西汉成为中国封建王朝第一个发展高峰。《汉书》评叙刘彻"雄才大略"，《谥法》说"威强睿德曰武"，就是说威严、坚强、明智、仁德叫"武"。在中国史书内，"秦皇汉武"经常互相衔接。他的功业，对中国历史进程和之后西汉王朝的发展影响深远。

汉元光六年（公元前129年），大司农（汉朝负责管理财政的官职）郑当时上书汉武帝，提出依渭河南侧开凿一条与渭河平行的漕渠，以扩大漕运能力。据《史记·河渠书》载："是时郑当时为大司农，言曰：'异时关东漕粟从渭中上，度六月而罢，而漕水道九百余里，时有难处。引渭穿渠起长安，并南山下，至河三百余里，径，易漕，度可令三月罢；而渠下民田万余顷，又可得以溉田；此损漕省卒，而益肥关中之地，得谷。'天子以为然，令齐人水工徐伯表，悉发卒数万人穿漕渠，三岁而通。通，以漕，大便利。"

汉武帝采纳了这一建议。下令由大司农郑当时主持，齐人水工徐伯协助，发卒数万人来实施这一计划。历经3年，工程修建完成。

这一渠道的走向，大致为：在咸阳钓鱼台附近筑堰引水，然后沿长安城南垣东行，合昆明渠水，又沿途补充滈水、灞水，在今三河口以西注入黄河，全长300余里。汉代的1里约为现在的414米，因此，

小贴士

漕运

漕运是我国历史上一项重要的经济措施，是封建王朝将征自田赋的部分粮食运往京师或其他指定地点的一种运输方式。运送粮食的目的是供宫廷消费、百官俸禄、军饷支付和民食调剂。这种粮食称漕粮，漕粮的运输称漕运，方式有河运、水陆递运和海运三种。

▲ 西汉关中漕渠线路图

小贴士

比降

比降也称坡降、坡度，指任意两端点间的高程差与两点间的水平距离之比。河流的比降分为床面比降和水面比降。床面比降，用以表示河床纵断面地形的变化；水面比降，即河流中任意两端点间的瞬时水面高程差与其相应水平距离之比，用以表明河流全程或分段的水面坡度，故又称水力坡度，通常说的河流比降就是河流水面比降，它可分为纵比降与横比降。

漕渠长相当于今 120 余千米。渠道全线位于秦岭以北、渭水以南的关中平原，地势平坦，坡度较小，从渠首至渠尾的比降约为万分之三，满足通航的需要。

关于渠道开凿中的工程技术，具体体现在"令齐人水工徐伯表，悉发卒数万人穿漕渠"记载中的"表"和"穿"两个字上。所谓"表"，就是勘测确定渠线等技术工作，大致相当于现代水利工程建设中的勘测设计工作，这在我国水利测量史上是一重大事件；所谓"穿"，大致相当于现代水利工程建设中的挖土施工。这种先设计、后施工的做法，与现代水利工程建设的程序和方法基本一致，表明了这一工程建设科学合理。齐人水工徐伯，在当时的科技条件下，采用科学方法完成漕渠的勘测设计和施工，表明他具有很高的工程技术水平。

漕渠开凿 9 年之后，汉武帝元狩三年（公元前 120 年），又在今长安区斗门街道东南侧堰阻沣水和滈水，汇积形成水域周广约 40 里的昆明池。汉武帝修筑昆明池的本意为练习水军，同时解决首都长安供水问题，但昆明池东、北两条泄水道均流注漕渠，实际上成为漕渠的后续工程。昆明池名为池，实为一座巨大的人工水库，水质清澈，对调节漕渠水量，增强漕渠航运能力都发挥了作用。现代考古勘测数据表明，早期昆明池约 14.2 千米^2，唐代扩大为 15.4 千米^2，池中无岛屿，池最深约 3.3 米。不过，漕渠的主要水源仍是渭水，昆明池仅为其补充水源。

漕渠开通后，漕船由黄河转入漕渠直抵长安，使原来由潼关至长安的 900 里弯曲河道缩短到 300

余里，每年漕运时间节省一半，由原来半年缩短到3个月。加上当时造船业的发展，出现了长五丈至十丈的可装载500斛到700斛的大船，极大地提高了漕运的效率。这从当时向京师输送漕米数量的迅速增加上可以看出。汉初，从关东每年漕运关中的漕粮不过数十万石，汉武帝初期也不过百万石，漕渠开凿后，猛增到400万石。汉武帝元封年间（公元前110—前105年），更是创造了每年600万石的高纪录，《史记·平准书》载"山东漕益岁六百万石，一岁之中太仓、甘泉仓满"。《汉书·食货志》载，宣帝五凤年间（公元前57—前54年）大司农耿寿昌上言："故事岁漕关东谷四百万石，以给京师。"当时在漕渠渠口附近（今陕西华阴境内）修建了规模宏大的京师仓，又称华仓，为首都长安贮存、转运粮食的大型粮仓。现代考古发掘发现了6座粮仓，是目前发现的规模最大的西汉粮仓建筑遗址。其中最大的一座面积1662.5米^2，分3室，仓容量上万米^3。京师仓遗址现为全国重点文物保护单位。班固在《西都赋》中描述："东郊则有通沟大漕，溃渭洞河，泛舟山东，控引淮湖，与海通波。"这里的通沟大漕，指的就是关中漕渠。这些都说明，漕渠修建后，大大提高了关中漕运能力。也正是由于大量漕粮源源不断地运至关中，才维持了长安庞大的官僚群体和禁军。另外，公元前127年、前121年和前119年，西汉发动了三次大规模征伐匈奴的战争，都在漕渠开凿之后，显然同漕粮的顺畅供应有

▲ 全国重点文物保护单位——京师仓遗址

密切关系，说明漕渠的开通对稳定西汉政治和增强国力发挥了重要作用。

此外，漕渠还有灌溉的功效，"渠下民田万余顷，又得以溉田"，万余顷相当于 100 万亩。不仅增加了朝廷税收，而且利于渭河两岸的百姓。

漕渠为汉武帝盛世的开创作出了很大贡献。但其通航时间并不长，大约到宣帝年间只有 80 年。这主要是由于渭河水浅沙深，长此以往，漕渠必然淤积，因而，关中平原这一地理地质条件决定了其在水运上很难占据优势。西汉之后，东汉建都洛阳，关中漕粮的需求量减少，漕渠疏于管理，加之此后长达 300 余年的分裂割据时期，漕渠逐渐淤塞。直至隋朝，隋文帝所开广通渠，仅用 3 个月时间就完工了，显然是在西汉漕渠的基础上疏浚开凿的。

◎ 第五节　曹操与华北诸运渠

曹操（155—220 年），字孟德，豫州刺史部谯（今安徽亳州）人。提到曹操，人们很快想到的是一个奸诈、多疑的人，特别是读过《三国演义》的人，更是果断地认为曹操是一个大奸大恶的小人。但实际上，历史上的曹操，要比大家印象中的评价好很多。作为曹魏政权的奠基人和缔造者，曹操不仅是杰出的政治家、军事家，在统一大业方面作出了很大贡献，而且在文学和书法方面也颇有造诣。鲁迅赞其为"改造文章的祖师"，唐朝书法家张怀瓘曾将曹操的章草评为"妙品"。除此之外，曹操在运河建设方面也有建树，历史地理学者王守春指出，"黄河北侧运河网络系统的形成，应归功于曹操"。

　　从建安七年（202年）到建安十八年（213年），曹操先后疏浚开凿了睢阳渠、白沟、平虏渠、泉州渠、新河和利漕渠等6条运渠，将古代华北平原上各自入海的几条大的河流横向相互连通起来，形成了一个水运网络，对后来隋代永济渠乃至京杭运河的开

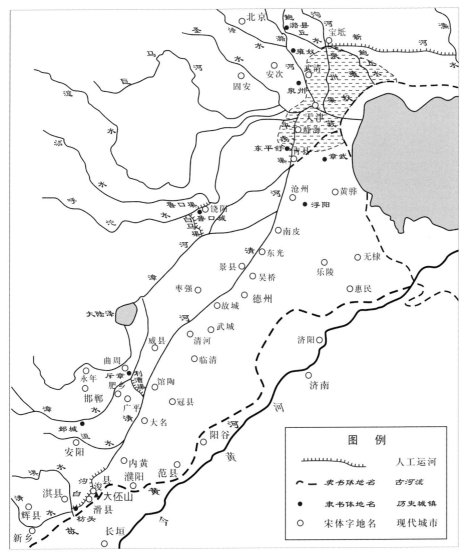

▲ 曹魏时期华北平原运河分布图

通都产生了影响。

在曹操之前，华北平原虽然有人工开凿的渠道，但大多是用于灌溉。如战国时期魏国修建的漳水十二渠。航运也基本上是利用天然河流进行的，如东汉末年占据冀州的军阀割据势力韩馥的部下，为了阻止韩馥把冀州让给袁绍，就曾利用淇水进行大规模的军队调动。曹操在统一北方征战的过程中，大规模修建运河工程，改变了这一局面，对推进华北平原水运网络，产生了深远影响。

东汉末年，各地军阀混战，形成大分裂的割据局面。袁绍与曹操逐渐成为黄河下游两大主要势力，分别占据黄河南北两侧。袁绍以邺城（今河北临漳）为中心，占据黄河南侧的冀、幽、青、并 4 州，势力更强大。为了与曹操抗衡，袁绍的谋士曾建议袁绍利用水运。曹操以许昌（今河南许昌）为政治中心，在不断扩展势力的同时，也重视水运。建安五年（200年），袁绍越过黄河攻打曹操，挑起了著名的官渡之战。此役袁绍大败，退回邺城。不久，袁绍死，他的两个儿子内讧争权。曹操抓住这一有利时机，为进攻邺城积极准备。其策略之一就是修建运渠，大力发展水运，为军事运输做准备。

曹操修建的最早的一条运渠是睢阳渠。据《三国志·魏书·武帝纪》记载，建安七年（202年），曹操"至浚仪，治睢阳渠。……进军官渡"。浚仪即今河南开封，睢阳即今河南商丘，渠道大致是循着古汴渠，经由睢阳、浚仪，与黄河连通。

建安九年（204年），曹操挥师北伐，进军袁绍盘踞的邺城（今河北临漳），进军途中修建了白沟运河。这是曹操在黄河以北华北平原上修建的第一

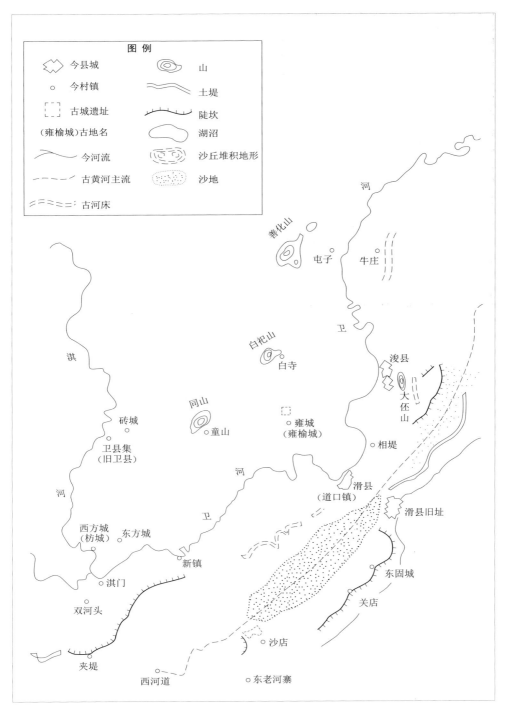

图例

今县城		山	
今村镇		土堤	
古城遗址		陡坎	
(雍榆城)古地名		湖沼	
今河流		沙丘堆积地形	
古黄河主流		沙地	
古河床			

普化山　　屯子　　牛庄

卫

白祀山
白寺　　　浚县

大伾山

同山
砖城　　　童山　　雍城　　　相堤
　　　　　　　　　(雍榆城)

卫县集
(旧卫县)　　　　　　　河

滑县
(道口镇)

卫　　　　　　滑县旧址

西方城　东方城
(枋城)

新镇　　　　　　　　　东固城

淇门

双河头　　　　　　　　　关店

夹堤

西河道　　　沙店

东老河寨

▲ 白沟遗址周边环境示意图

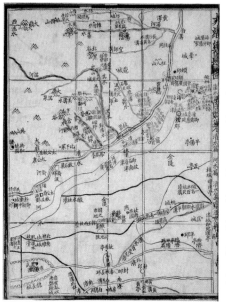

▲ 《水经注图》淇水图

条运河。而后凭借白沟的水运之利，迅速占领邺城，取得了战争的主动权。

白沟又名宿胥渎，它是黄河南徙后从宿胥口（大致在今浚县新镇之南）改向东流后，在黄河故道上因排水和灌溉的需要而出现的一条河流。在这条黄河故道上，还有一条清河。因黄河南徙后，水变清而和原来的河水颜色不同，故称为清河。两河都因黄河南徙后，水源缺乏，不仅互不相通，同时水少不能担负军粮运输。《水经·淇水注》有较为详细的记载："淇水又南历枋堰旧淇水口，东流迳黎阳县界，南入河。《汉书·沟洫志》曰'遮害亭西十八里至淇水口'是也。汉建安九年魏武王于水口下大枋木以成堰，遏淇水东入白沟，以通漕运，故时人号其处为枋头矣。"

淇水就是现在的淇河，原来向南流入黄河，和宿胥渎上的白沟并不相通。"遏"就是阻截淇水流入黄河，迫使它改流注于白沟，增加白沟水源。从淇水口到宿胥故渎上的白沟约有十八里不通。曹操所采取的主要工程措施主要有三：一是在淇水入黄河口的北面选择一处有利于作堰的地形，下大枋木，筑成一条高大的拦河坝，截住淇水，阻止它向南流入黄河；二是在堰北开凿一条人工渠道，导引淇水改流入白沟，使淇水和原来不相通的白沟连成一河；三是黄河南徙后，和宿胥故渎仍有旧道相通，因此曹操又在宿胥口的北面故渎会淇水之处筑了一个石堰，使淇水流到这里，不再向南流入黄河。其中第一项工程规模大，也最为艰巨。淇河虽然是一条不大的河，但上源出自太行山脉，水湍流急，每当山水暴发，洪流汹涌，至今仍易泛滥为害。因此，阻截淇河，首先需要修建坚固高大的拦河坝。曹操修建这座坝，堰是由大枋木做成的，"其堰悉铁柱、木石参用"。以大木为叠梁的溢流坝，也可能是一种分水铧嘴。堰的规模很大，后来称为枋头堰。卢谌在《艰征赋》里形容它为"洪枋巨坝，深渠高堤"。

枋头堰建成后，淇河成为白沟的上源。在当时的技术条件下，把不易驯服的淇河和原不相通的白沟，通过修建堰坝连接成为一条河，非常不容易，是水利工程建设的一个创举。同时也说明曹操的确是很有气魄和作为的。后来，因这一水利工程，当地兴起了一座城市被称为枋头。魏晋南北朝时期一直为军事重镇。

白沟由于有淇水加入，水量大增，同时沿着黄河故道向东北延伸，到今河南内黄县北，洹水（今安阳河）加入。如此一来，军需物资就可运送到邺城以东一带。自此以后，白沟成为华北平原重要的水路运输要道。

白沟运河修建后，曹操凭借水运之利，迅速攻占了邺城。袁绍的儿子逃到了辽西地区的乌丸（乌桓）蹋顿单于那里，妄图东山再起。为消除后患，曹操决定征讨乌丸。时白沟运河循黄河故道向东北方向延伸，可与古漳河的支流清河相接，于今青县

49

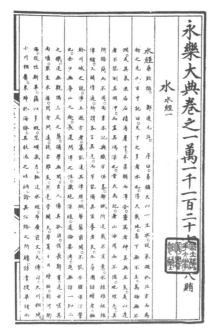

▲ 《水经注》书影

入滹沱河。但滹沱河与海河水系的其他支流并不相连，加之乌桓在古北口设有重兵防守。为此，建安十年（205年），曹操又新开凿了三条运河，即平虏渠、泉州渠和新河。

《三国志·魏书·武帝纪》记载，"凿渠自呼沲入泒水，名平虏渠；又从泃河口凿入潞河，名泉州渠，以通海"。可见，平虏渠是自滹沱通泒水，即《水经注》中清水的一段，大致为今南运河青县至天津独流镇的一段，全长50多千米。曹操凿平虏渠，目的是设法解决从邺城入漳水，从漳水入呼沲河，再从呼沲河入泒水的联运问题。平虏渠的开通，将清河、漳水、滹沱河与泒水沟通，形成白沟—清河—平虏渠贯通华北平原南北的水道。这一水道沿途还接纳了淇水、洹水、滹沱水，使之在今天的天津与泒水汇聚。《水经注》中，将这一河道统称为清河，包括泒水的尾段在内。加之华北平原北部的永定河和白河（沽水）已在平虏渠开通前，在古泉州城附近与泒水汇流，这样，在今天的天津汇聚的河流，包括了今天海河水系的全部河流和潮白河的白河，因此，平虏渠的开通，被认为是海河水系形成的开始，给海河平原上的河道水系带来了历史性的变化。

平虏渠凿成后，船只从白沟河直达今天津附近，然后入泒水可入海通运，但为避海上风险，曹操又采纳了董昭建议，下令开挖了泉州渠。泉州渠自泃河口通潞河。渠旁有泉州县（今天津武清）

而取名泉州渠。泉州渠南口在潞河下游，即在今天津市以东的海河上；北口在沽河（今蓟运河上游）与鲍丘水（其上游略同今潮河）的会合处（今天津宝坻），即在今天津宝坻至天津以东的海河上，全长100多千米。

平虏渠和泉州渠开凿后，为解决泉州渠以东至滦河间的水运联系，曹操又在燕山山地南麓开一条运河——新河。这一运渠大致呈东西方向延伸，西端接鲍丘水，接口处被称为盐关口，位于今天津宝坻；东端与滦河尾相接，位于今河北乐亭，再通过滦河河口与大海相通。

这三条运河的开凿时间都很短，很可能是利用了古河道和天然沼泽洼地等自然水体。不过，三渠中仅平虏渠通航时间较长，《水经注》中称为清河，隋唐以后成为永济渠和南运河的一部分；泉州渠至北魏时，就已经成为故渎；新河的通航时间更短，开凿后不久便被废弃，以致文献中仅有《水经注》提及。

这样，平虏渠、泉州渠和新河建成后，华北平原形成了一条纵贯南北的水运交通干线。这条水运线，经白沟北上，经平虏渠往西，可与太行山以东诸水相接；沿泉州渠可进入鲍丘水，再沿着新河到达辽西地区，并接通海上运输，保证了曹操的军需供应，从而可以控制割据辽河流域的公孙氏和塞外乌桓族。这一水运线往南，还可从淇水或宿胥口入黄河，接通汴渠至洛阳，往东则可接通淮河与长江。可见，华北平原的水运网络，成为全国水运网络体系的一个重要组成部分。

建安十八年（213年）九月，曹操在邺城建都后，为解决都城的漕粮和交通问题，再开运渠引漳水入白沟，这就是利漕渠。这一渠道自今河北曲周南至馆陶西南，将漳水和白沟联系起来。这样，随着淇水、洹水和漳水相继注入白沟运河，白沟运河成为当时华北平原的一条主要水道。因此，白沟运河自利漕渠以下的水道，通常也被称为清河、淇河或漳河。这也就是《水经注·淇水》所说"自下（即利漕渠以下），清、漳、白沟、淇河，咸得通称也"的含义。

利漕渠开通后，华北平原又有两条运河开通：一是鲁口渠。司马懿为了北伐公孙渊，于魏明帝景初二年（238年）在饶阳县境新辟一条引呼沱水入㴞水的渠道。该渠起点为呼沱水岸旁的鲁口城，因城命名，故称鲁口渠。二是白马渠。该渠为连接漳水与呼沱水的运道，系曹魏年间白马王曹彪所开，因名白马渠，别名白马河。具体开凿年代不详，但应和司马懿所开运渠年代差不多。

这样，从曹操的政治中心邺城到华北平原的东北部，就有了两条水运通道。一条是经漳河，再经利漕渠，与白沟水运通道相接；另一条是经漳河，再经白马渠、呼沱河和司马懿开通的鲁口渠，再经㴞水、泉州渠，就可到达燕山南麓。这些运河的开通，大大改善了邺城的交通条件。正如古人所云："邺城平原千里，漕运四通。"邺城的经济地位、战略地位因之得到加强，并为以后大运河永济渠的开凿奠定了基础。

　　曹魏政权凭运河之利，"征伐四方，无运粮之劳"，为其统一北方奠定了重要的物质基础。建安十二年（207年），曹操统军出无终（今天津蓟州区），东攻乌桓，取得大胜，并斩杀了以"骁武"著称的乌桓单于蹋顿，降者20余万人。这一战役，也成为东汉末年继官渡之战后又一次以少胜多的战役。

　　以上曹操开凿的这些运渠，将华北平原上的淇水、漳水、呼沲水、泒水、潞河、沟河、鲍丘水等天然河道联系起来，形成了贯通华北平原南北的水运交通网络。加上渤海西岸陆地向海伸展，形成新陆地，极大促进了海河水系的初步形成。郦道元在《水经注》中叙述"清、淇、漳、洹、滱、易、涞、濡、沽、滹沱同归于海"。这既是海河水系形成的写照，也是华北平原运河依赖海河水系连缀而成的基本条件，更是一代枭雄曹操为运河建设作出贡献的写照。

第三章 成长在路上

——隋唐宋时期的大运河

隋代，中国再次成为大一统的帝国。水运作为交通运输的主要方式，成为大一统帝国的立国之本。隋定都长安，再以长安为中心，东北至涿郡、东南至江南的东部平原范围内，在此前各地区域性运河的基础上，对全国运河进行了统一规划和大规模建设，形成了一条贯通南北、长达2700余千米的水上交通大动脉，成为世界上航程最长的运河体系。不过，这一举全国之力的超级大工程，对短命的隋王朝并没有带来多少好处，从某种程度上来说，更多是一种灾难。但这丝毫不影响大运河在中国历史上的伟大地位。此后继起的唐王朝，大运河肩负起转输财赋、维护社会稳定的历史重任，使唐王朝成为当时世界上最富庶、最文明的先进国家之一。

宋朝分北宋和南宋，立国319年，是中国历史上商品经济、文化教育、科学创新高度繁荣的时代。其立国之本也是运河。北宋定都无险可守的汴京，实迁就于汴河的漕运之便。依靠汴河的水路运输，北宋王朝吞纳东南财税，成为当时世界上最富庶的国家之一。南宋定都临安，偏居江南一隅，却成为中国历史上经济、文化繁荣，对外开放程度较高的王朝之一，与金对峙百余年，所仰仗的也是运河。

宋代是中国古代科技发展的鼎盛时期，英国著名科技史学者李约瑟在其所著《中国科学技术史》导论中写道："每当人们研究中国文献中科学史或技术史的任何特定问题时，总会发现宋代是主要关键所在。不管在应用科学方面或在纯粹科学方面都是如此。"这一时期出现的复闸是水运工程技术的伟大革新，比西方要早近400年，是当时世界最高水平的代表。

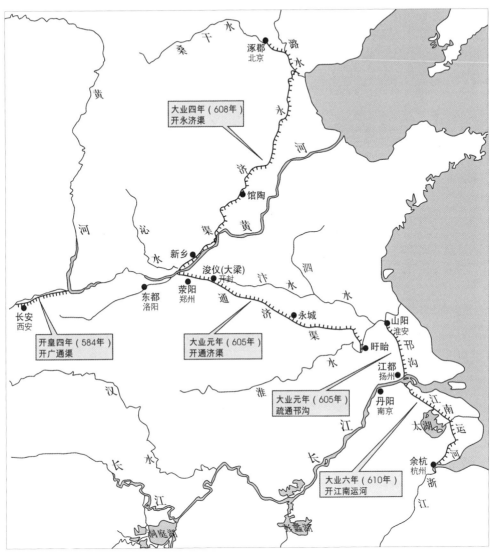

▲ 隋代大运河示意图

　　著名经济史学家全汉升在《唐宋帝国与运河》有这样一段话："运河对于第二次大一统帝国的贡献，既然在连系军事政治重心的北方和经济重心的南方，以便因凝结为一个坚强牢固的整体而发生伟大的力量，它与此后唐宋帝国势运的盛衰消长自然要发生不可分离的关系。……我们可以说: 当运河能够充分发挥它连系南北的作用的时候，这个帝国便要随着构成分子凝结的坚固而势力雄厚，国运兴隆；反之，如果运河因受到阻碍而不能充分发挥，或甚至完全不能发挥它的作用，这个帝国便随着构成分子的离心力的加强而势力薄弱，国运衰微。"

本部分就让我们跟随历史，一观大运河铸就的唐宋帝国的辉煌成就和当时世界最先进的水运技术。

◎ 第一节 大一统国家运河网的规划与建设

古代社会，青年男女在跨入成年之时要举行一项重要的礼仪，这就是冠笄之礼，即所谓男子20岁要加冠，女子15岁要加笄。华夏先祖对于冠笄之礼非常重视，所谓"冠者，礼之始也"，也正因为如此，《仪礼》将其列为开篇第一礼。冠笄之礼后，意味着此前在家庭和社会中毫无责任的"孺子"转变为正式跨入社会的成年人，只有能履践孝、悌、忠、顺的德行，才能成为合格的公民、晚辈、儿女、兄弟姊妹等各种合格的社会角色。

我国运河建设从春秋开始，起初是分散的、间断的区间性运河，历经千余年的发展，至公元7世纪形成以大一统国家都城为中心、统一规划和建设的全国性水运网络系统，完成了生命的飞跃。

元代以前，中国大多数时间处于分裂、分治时期，隋朝是其中少数的大一统时期。其极盛时期的疆域：东南皆至于海，西至且末，北至五原，面积约470万千米^2，人口5000多万人。统一的大王朝帝国的建立，为全国性大运河的开凿创造了条件。

　　隋王朝对全国运河进行了全面规划，并进行了大规模建设。特别是隋炀帝即位后，从大业元年至六年（605—610年）间，在从涿郡到余杭2700多千米长的线路上，在前代开凿的分散、间断的区间性运河基础上，利用地形和河湖水源的有利自然环境，有计划地兴建了以通济渠、山阳渎、永济渠、江南运河为骨干的4条首尾相接的运河，形成了全国性的运河网。自此，我国运河建设进入一个新时代。与先前主要用于军事征战的目的不同，隋炀帝开展的全国性水道建设，更大程度上是加强中央对地方的控制，巩固政权的稳定和国家统一。

　　隋代运河规划与建设始于隋文帝。隋文帝杨坚（541—604年），弘农郡华阴（今陕西华阴）人，开皇元年（581年）到仁寿四年（604年）在位。隋朝仍定都长安，但位置不同于汉长安城，而是在汉长安城的东南另筑新城，名大兴城。与汉代的境遇一样，关中平原是一块面积有限的狭长平原，所产粮食和物资无法满足大一统帝国首都的需要，因此，隋文帝在任命工部尚书宇文恺规划新城建设的同时，也开始关中水运的建设。《隋书·食货志》记载，开皇四年（584年），"命宇文恺率水工凿渠，引渭水，自大兴城东至潼关三百余里，名曰广通渠"。这是隋朝建立后兴建的第一项运河工程，也是隋朝规划的全国运河网中最西的一段运河。渠成后"转运通利，关内赖之"，因而又名富民渠，后为避隋炀帝杨广名讳，改名永通渠。修建过程中，隋文帝曾前往参观。这条运渠是在西汉关中漕渠的基础上建成的。所不同的是，它完全以渭水为水源。

▲ 隋文帝像

此后，至开皇七年（587年），为统一江南，隋文帝在古邗沟的基础上，还开凿了山阳渎。开山阳渎是为伐陈做准备的，采用的是韩信的手法，即"明修栈道，暗度陈仓"之意。由于邗沟入淮河的水口到隋朝时已淤塞，当时只好移至山阳（今江苏淮安），故名山阳渎。其余部分，大体还是沿着邗沟的古道。山阳渎南起江都（今江苏扬州），北至山阳，长约300里。

仁寿四年（604年）七月，隋文帝次子杨广即位，史称隋炀帝。次年（605年），隋炀帝下令兴建东都洛阳，并着手营建以洛阳为中心的全国运河网，开展了大规模的全国水运建设。

隋炀帝首先着手开凿的是东都洛阳与江南富庶地区的水运路线。大业元年（605年），隋炀帝在汉代汴渠的基础上，兴建通济渠。这条运河分东西两段，东段起自洛阳的西苑，引谷水、洛水至黄河，大致是利用东汉张纯修建的阳渠运河；西段从板渚（今河南荥阳北）引黄河水，东流经开封，折向东

▲ 隋通济渠经行路线示意图

南流，直达淮河。通济渠全长 1300
余里，宽 40 步（约合 58 米），可通
行长 100 米、高 22 米的四层楼龙舟。
渠道两岸筑有御道，并栽植柳树。为
避开徐州之南吕梁洪和徐州洪两处险
滩，通济渠没有沿袭东汉时汴渠的流
路，而是向东南改道，以古蕲水为基
础，直接开浚入淮。通济渠横贯中原
地区，开凿过程中充分利用了水源和
地形的有利条件。淮河北侧支流，水
流顺地势自西北向东南流，满足了开
挖人工渠道所需要的比降和流向。同
时，这一区间由黄淮诸河流淤积而成，
淤积平原易于开挖，保证了施工的顺
利进行。"应是天教开汴水，一千余里
地无山。"唐代诗人皮日休的这句诗
句形象地反映了通济渠经行河段的地
形状况。

▲ 隋炀帝龙舟复原图

通济渠兴建的同时，隋炀帝还
对山阳渎进行了大规模疏浚，可通行
庞大的龙舟和漕船。自此，自洛阳经
通济渠至泗州，循淮河而下至山阳，
再经邗沟至扬州，入长江后至江南，形成了一条沟
通中原与南方富庶地区的水运大动脉。

大业四年（608 年）正月，隋炀帝又"诏发河
北诸郡男女百余万，开永济渠。引沁水南达于河，
北通涿郡"。永济渠沿途借用卫河、清水、淇水等
众多天然河道，以及白沟运河旧迹，沟通了黄河与
海河。永济渠全长 2000 多里，全线位于黄河以北，

▲ 清人所绘隋炀帝巡幸图

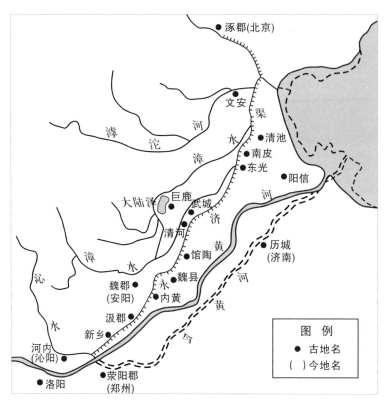

▲ 永济渠经行路线示意图

是我国古代北方运河系统的骨干运河。永济渠开通后，从洛阳出发，循永济渠可抵达北方军事重镇蓟城（今北京），便于东北用兵，控制北方局势。

大业六年（610年），隋炀帝重开江南运河。《资治通鉴》（卷181）载："自京口（今江苏镇江）至余杭（今浙江杭州），八百余里，广十余丈，使可通龙舟。"江南运河流经地方，地势平坦，湖泊较多，水源和渠道比较稳定。隋以后，除局部整修外，其线路基本没有大的变动。江南运河北通长江，南达钱塘江，沟通了长江和钱塘江水系。

至此，在7世纪初，我国古代运河形成了以洛阳为中心，西通关中平原，北抵华北平原，南至江南地区，沟通海河、黄河、淮河、长江和钱塘江5大水系，长达2700多千米的庞大水运系统。这一庞大的水运网贯通各大江河，布局合理，线路绵长，覆盖了主要的经济发达地区，为东部地区经济文化繁荣提供了极大的交通便利。大运河也完成了自己的成人之礼，真正担负起国家统一和社会稳定的重

任。唐代诗人皮日休（约834—883年）在《汴河铭》
中的评说"若无水殿龙舟事，共禹论功不较多"。
将隋炀帝与治水英雄大禹相提并论，这是对他在运
河开发方面所作贡献的高度赞扬，也是对运河在社
会发展中占据重要地位的侧面反映。李约瑟曾评价
隋代运河说："在隋代各项建设事业中，规模最大且
影响后世最深的，是连接南北长达约1800千米的大
运河，成为隋代以后直到现代铁道公路交通兴起以
前的中国大陆南北交通大动脉，在促进国家的政治、
经济，文化发展各方面贡献至巨"。

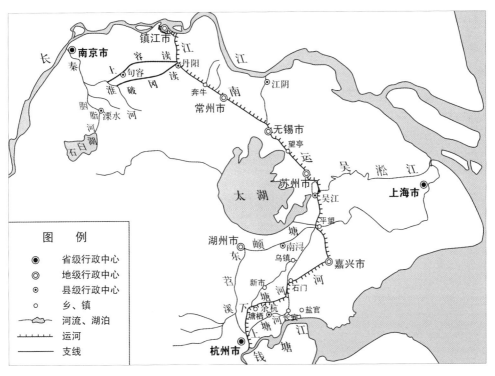

▲ 江南运河经行路线示意图

63

◎ 第二节 唐代的水上博览会

2010 年，在中国上海，我国政府成功举办了第 41 届世界博览会。作为全球最高级别的博览会，这是中国政府首次举办。这次活动，总投资 450 亿元人民币，创下了世界博览会史上最大规模纪录；参观人数 7308 万人，也创下了历届世界博览会之最，在海内外引起了空前反响。其实，早在 1000 多年前的唐代，得益于隋代建设的全国水运网络，在唐朝国都长安（今陕西西安），就举办过一次规模盛大的水上博览会，当时有 300 多条船只参加，天南海北的珍奇异宝、特色物产汇聚于此，还有在长安城居住的许多外国友人，堪称"世界上的第一次博览会"。

这次博览会，发起、策划和筹办的关键人物名叫韦坚。韦坚（?—746 年），字子金，唐代京兆万年（今陕西西安）人。开元二十五年（737 年）担任长安县令，以聪明能干而著称，后受命主持转运江淮租赋以充国用，"岁益巨万"。当时长安作为国都，人口近百万，消费很大，仅靠关中之地供不应求，因此漕运对长安显得十分重要。而隋末以后，通往关中

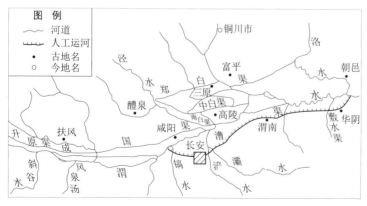

▲ 唐代漕渠及附近渠道示意图

的广通渠失修废弃，淤塞不通。至天宝元年（742年），唐玄宗下令韦坚重新修整这一渠道。《新唐书·食货志》记载："坚治汉、隋运渠，起关门，抵长安，通山东租赋。乃绝灞、浐，并渭而东，至永丰仓与渭合。"这一运渠是在隋代广通渠的基础上修建的，不过唐代称"漕渠"。此外，为方便漕船停泊，韦坚又在长安城东的望春楼附近开凿了一处人工湖泊，与漕河相通，将河水引入湖中，这就是后来著名的广运潭。漕渠开通后，输入关中的漕粮剧增，当年就达到400万石。

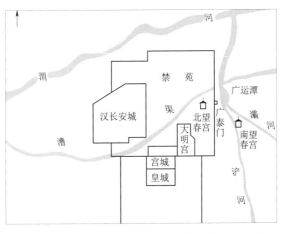

▲ 唐代广运潭示意图

全部工程历时两年，天宝二年（743年）工程完工后，韦坚又举办了盛大的庆祝活动，请玄宗皇帝和大臣们登上望春楼观赏。

据《新唐书·韦坚传》记载，韦坚事先征调洛州（今河南洛阳）、汴州（今河南开封）、宋州（今河南商丘）等地的300多船只停泊于广运潭，让船工们皆披江南吴楚地方的装束，头戴大笠帽，身穿宽袖衫，脚登芒履。船头上竖着各地州郡的署牌，船上装载着各地的土特产品，依次衔尾前进。广陵郡（治今江苏扬州）的船上，陈列着锦、镜、铜器、海味；丹阳郡（治今江苏镇江）的船上，陈列着京口绫衫缎；晋陵郡（治今江苏常州）船上，装载的是官端绫绣；会稽郡（治今浙江绍兴）船上，则是铜器、罗、吴绫、绛纱；南海郡（治今广东广州）船上，有玳瑁、珍珠、象牙、沉香；豫章郡（治今江西南昌）船上，有名瓷、酒器、茶釜、茶铛、茶碗；

宣城郡(治今安徽宣城)船上,有当地特产的空青石、纸笔、黄连;始安郡(治今广西桂林)船上,有蕉葛、蚺蛇胆、翡翠等;吴郡(治今江苏苏州)船上,有三破糯米、方文绫;等等。凡数十郡的地方特产,应有尽有,琳琅满目。各船头尾相衔,排列数十里,非常壮观。

在这些船只驶进广运潭的同时,韦坚还安排了一个官员坐第一只船上作号头,口唱"得宝歌"。随后的船上有100多人与号头和歌,齐奏鼓笛。歌中唱道:"得宝弘农野,弘农得宝耶!潭里船车闹,扬州铜器多。三郎当殿坐,看唱《得宝歌》。"当时扬州铜镜名噪全国,尤其受妇女所珍爱,这也就是歌词中"扬州铜器多"的原因。

当时唐玄宗李隆基出席了这次水上博览会,韦坚跪奏,将这些货物进献唐玄宗。关中府县的官员,也纷纷将各地名贵食品进献。当地百姓闻讯纷纷拥来,进行商品交易,观者人山人海,热闹非凡。唐玄宗及其属下群僚在望春楼上看到南方诸郡船只衔尾入潭,听到潭岸上和潭中船上载歌载舞妇女的歌唱,大喜过望,立即擢升韦坚,并下令免征工匠们当年的地税,赏赐船工们3000贯钱。为纪念这次活动,唐玄宗将望春楼下之水潭也命名为"广运潭",它后来成为唐代主要港口之一。

美国著名汉学家爱德华·谢弗曾著有《唐代的外来文明》,是一部西方汉学名著。该书在谈到这次水上博览会时,写道:"743年(唐天宝二年),唐朝在西京长安以东兴建了一座人工湖,这个湖其实就是一个货物转运潭。唐朝人说的一句俗谚'南舟北马',但是在这一年,以马代步的北方人被眼

前的景象惊呆了：他们看到来自全国各地的船只都
汇集在了这个转运潭里，船上满载着货物和各地被
指派向朝廷进献的土贡……所有的货物都被换装到
了小斛底船上，……这里就是那条从广州开始，通
往唐朝最大的都市长安的、绵绵不绝的水路的终点。"

　　这次展览是中国历史上第一次由官方举办的全
国物资展览会，反映出唐代商贸的发达和水运的畅
通。这次活动的成功举办，当然得益于隋代大运河
的开凿。正是这条贯通全国的大运河，将全国物资，
特别是南方物资，源源不断地运送至京师，也才有
了世界上的"首次博览盛会"。

　　2011 年，世界园艺博览会在西安举办，主会址
就设在昔日的广运潭。千年沧桑，西安市政府借机
重建广运潭风景区，总规划面积 13.53 千米^2，希图
重现广运潭"灞上烟柳长堤"的胜景画境。曾经繁
盛一时的广运潭，又重现昔日的辉煌！

▲ 今日广运潭

◎ 第三节 从《清明上河图》说起

　　古代书画是中华民族文化艺术的重要组成部分，是中国的国粹。在故宫博物院，珍藏着一幅北宋时期的名画，它就是北宋画家张择端的《清明上河图》，这幅画作属国宝级文物，为中国十大传世名画之一。《清明上河图》描绘了12世纪北宋都城东京（又称汴京，今河南开封）的城市面貌和当时社会各阶层人民的生活状况，是北宋都城东京"八方辐辏，四面云集"繁荣景象的见证。而造就这一城市繁荣局面的，就是当时贯穿汴京的四条人工运道，即：汴河（或称汴渠）、惠民河、广济河、金水河，合称汴京四渠。因这四条运河都环绕或者穿过开封城，使得开封城水陆交通十分发达，全国南北各地的物资源源不断地集中到都城开封，因此汴京又有"四水贯都"之称。

▲ 《清明上河图》中繁忙的汴河码头

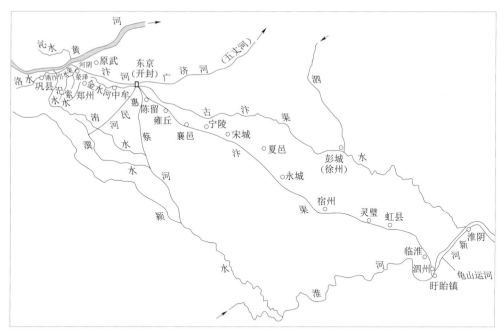

▲ 北宋汴渠水系图

　　汴京四渠中，金水河的主要作用是供给广济河
的水源，并无正式漕运之利。其他三渠，都担负漕
运重任，在北宋经济社会中占有重要地位。北宋立
国初期，有这样一个故事：宋朝开国不久，割据今
江苏、浙江和福建一带的吴越王钱俶，向北宋朝廷
称臣进贡。有一次，钱俶向宋太祖进献一条玉犀带。
太祖说："朕有三条宝带，与此带不同。"钱俶颇为
惊讶。太祖笑着说："汴河一条，惠民河一条，五丈
河一条。"宋太祖赵匡胤将流经都城的三条运河比
作三条宝带，一方面是其具有政治家的远见卓识，
同时也反映了三条运渠在当时的重要地位。

　　这三条运渠中，又以汴河最为重要。宋人言
及汴河的作用时说："汴水横亘中国，首承大河，
漕引江湖，利尽南海，半天下之财富，并山泽之百
货，悉由此路而进。"汴河的漕运量，一般年份
五六百万石，最高年份达八百万石。这不仅是北宋

岁漕的最高纪录，也创下了历史上的漕运之最。因此，当时的汴河，实际就是北宋的"立国之本"。

可见，汴河是北宋王朝粮赋命脉之所系。汴河的漕运量，约占汴京城漕运总量的80%，并且所运的粮食、物资等，均输入太仓，作为国家物资储备。但汴河的水源主要是引黄济运，而黄河具有暴涨暴落、含沙量大等特征，这给汴河航运带来一系列复杂问题，为解决这些问题，宋代人民总结创造了许多有益的经验，在运河建设史上写下了光辉篇章。《中国水利史稿》将北宋时期汴河工程技术总结为7个方面：汴口建设、汴河疏浚、狭河工程、导洛通汴、汴河防汛、水柜济运，以及汴堤建设等。其中尤以前四项措施作用明显，效果显著。

（1）汴口建设。汴口就是引黄河的水口，北宋的汴口不止一处，并且受黄河水势的影响，经常变动。为适应这一特点，北宋没有兴建永久性的闸门以节制黄河进水量，而是采用最简单的办法，就是人工控制汴口的宽窄以节制流量。汴河水涨时，把汴口收窄；汴河水落时，将汴口拓宽。由于汴口岁常操作，因而设一专官，专门负责汴口的施工，工程完工则随时调拨。人工控制汴口，具有技术上简单易行，而又能就地取材、方便灵活等优点。北宋时期就是用这种简易的办法，解决了引黄济汴的水口问题，保证了汴河的顺利通航。

（2）汴河疏浚。黄河以高含沙量著称，汴河以黄河为水源，因而汴河泥沙淤积也很严重，河道疏浚也就成为维持汴河生命的关键性措施。当时采用的疏浚方法，一是直接进行人工清淘，并且有比较严格的岁修规定。史载规模较大的一次是天圣九年（1031年），疏浚人员达5万人。二是机械疏浚，即将在黄河使用的浚川耙移至汴河上使用，这种方法一直延续到清代仍在使用，只是略加改进，改称为"混江龙"。浚川耙是一种铁制的爪形耙，上加压力压入淤沙中，用船拖动以搅起淤沙，使沙随水去。浚川耙发明后，北宋朝廷曾于熙宁六年（1073年）专设"疏浚黄河司"，主持浚川耙的制作和使用。这一方法在小范围内自流速缓处拖向流速急处，有一定功效，但用于长距离大范围的拖淤，会出现此拖彼淤，疏浚效果并不理想。

（3）狭河工程。狭河工程是北宋治理汴河的关键工程措施，即以木桩、木板为岸，束狭河身，以加大水流速度，抬高水位，减少河道泥沙淤积。狭河工程最早于宋真宗大中祥符八年（1015年）提出。据《续资治通鉴长编》记载，"于沿河作头踏道掕岸，其浅处为锯牙，以束水势，使水势峻急，河流得以下泻"。大意是在汴河宽阔水浅处，修筑锯牙形堤岸，缩小河道宽度，以抬高水位，加快流速。这是一种通过改变河道宽度治河的措施，在历史上第一次提出，是北宋的一项发明创造。到仁宗嘉祐元年(1056年)，这一工程进一步明确为"狭河木岸"。据《宋史·符惟忠传》记载，当时担任"都大管勾汴河使"的符惟忠曾指出："渠有广狭，若水阔而行缓，则沙伏而不利于舟，请即其广处束以木岸。三司以为不便，后卒用其议。"这实际上是后世"束水攻沙"理论的最早提出和初步阐释。

（4）导洛通汴。这是北宋在治汴方面的一项伟大建树。北宋后期，汴河成为地上河。为保证国家运输干线的畅通，元丰二年（1079年），北宋任

▲　《宋史·符惟忠传》书影

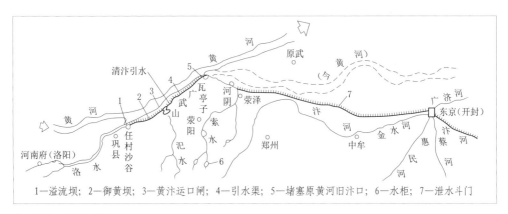

1—溢流坝；2—御黄坝；3—黄汴运口闸；4—引水渠；5—堵塞原黄河旧汴口；6—水柜；7—泄水斗门

▲ 清汴工程示意图

用宋用臣为都大提举，实施清汴工程。工程主要措施包括：①开渠，即堵塞洛口与汴口，新开一条长51里的引水渠接汴河；②蓄水，即在地势较高的索水上游兴建房家、黄家和孟王3个陂塘，并引索水注入其中；③筑堤，即在西起神尾山、东至土家堤的范围内，修筑大堤，全长47里；④整治河槽，即每20里建一束水刍楗，每100里置一水闸，节制水流，增加水深；⑤整治汜水入黄旧口，上下建闸，作为黄河与汴河通航的新通道。这一工程实施后，汴河成为一条以清水为源的河流，《续资治通鉴长编》（卷297）载："波流平缓，两堤平直，溯流者，道里兼倍。官舟既无激射之虞，江淮扁舟，四时上下，昼夜不绝，公私便之。"工程效益显著。

清汴工程不仅是改变运河水源的问题，而且是测量、开渠、置闸、防洪、水柜等各项运河技术的综合应用。清汴工程中，采用了当时先进的船闸技术，对现代水文学的科学概念"流量"也有初步认识，工程规划和设计考虑了河流的自然特性，这些都表明，清汴工程是我国古代运河技术在11世纪最高水平的代表，某种意义上也是北宋科学技术各方面成就的综合反映。北宋是我国古代科技发展的一

个鼎盛时期。李约瑟在《中国科学技术史（第二卷
科学思想史)》中评价北宋科技发展水平时写道，"宋
代确实是中国本土上的科学最为繁荣昌盛的时期"，
是中国"自然科学的黄金时代"。

正是北宋人民创造的这些工程技术，保证了汴
河的顺利通航，天下之财物从汴河而来，至开封交
汇，造就了汴京城的繁荣。北宋中期时，汴京城的
人口就已经突破了 150 万人。2005 年，美国《纽约
时报》中曾有过一篇评论文章《从开封到纽约》，
文中指出，世界的城市中心"公元 500 年是中国的
长安，公元 1000 年是开封"，足见当时汴京城的繁
华。另外，当时北宋政府打破了历来都市的街坊制
度，允许沿街设立商店、酒楼、茶坊等，并且取消

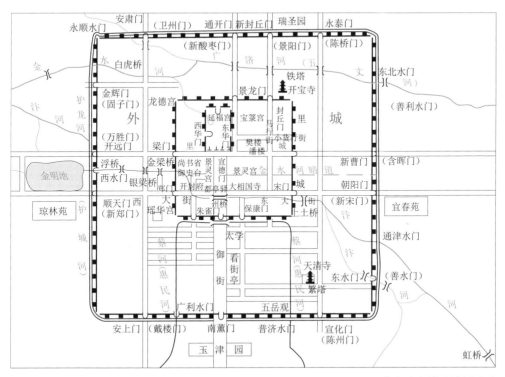

▲ 北宋汴京城及城河水系

73

了"宵禁"，开始有了夜市，人们可以通宵达旦地进行营业、娱乐，热闹非凡。宋人所作《东京梦华录》描述当时的汴京情况："八荒争凑，万国咸通。集四海之珍奇，皆归市易；会寰区之异味，悉在庖厨。"时至今日，在今天的开封城，有一条叫"小宋城"的小吃街，各色吃食琳琅其中，身穿其中，俨然北宋街景的再生图画。北宋都城的这一切繁荣景象，都要归功于那条犹如人体之动脉血管的人工运渠 —— 汴河。

◎ 第四节 话说南宋王朝的生命线

说起中国的运河，以北京至杭州的京杭运河最为著称，而对于浙东运河，很长一段时间人们很少关注。2014 年 6 月 22 日，联合国教科文组织在卡塔尔首都多哈召开的第 38 届世界遗产大会上，将中国大运河列入了世界遗产名录。此次列入世界遗产名录的"中国大运河"，由京杭大运河、隋唐大运河和浙东运河组成，总长 3200 千米。浙东运河自此跃入大众视野，引起社会的广泛重视。

浙东运河位于浙江省东部，这一带北临杭州湾，南连会稽山、四明山区，河湖交错，江流纵横，是一个水乡泽国，主要河流有钱塘江、浦阳江（下游称钱清江、西小江）、曹娥江以及余姚江（姚江）。浙东运河就是位于钱塘江和姚江这两条潮汐河流之间几段东西向的人工运河的总称，全长 250 里。

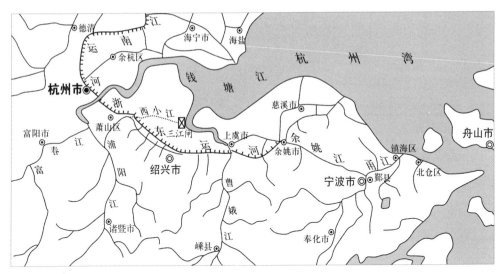

▲ 浙东运河水系示意图

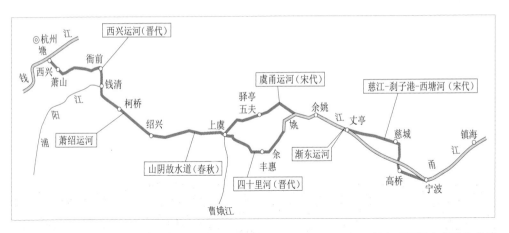

▲ 浙东运河历史变迁示意图

　　浙东运河开发历史悠久，最早起源于春秋时期
越国开挖的山阴故水道。其后汉晋时期，浙东地区
开凿有鉴湖和西兴运河，运河格局基本形成。到宋
代，浙东运河成为国家主航道，社会地位空前提高，
迎来了全面发展。元代以后，浙东运河重要性有所
下降，但仍然保持畅通。直到近代，在新式交通方
式的冲击下，运河作用才逐渐被取代。时至今日，
浙东运河是我国仍在发挥作用且保存最完好的一段

运河。由此看出，宋代是浙东运河发展史上的一个重要时期。从宋代开始，也正是由于有了浙东运河这一"黄金水道"，浙东地区开启了经济文化的全面发展和繁荣；南宋王朝也依仗它与江南运河，转输诸路钱粮，有了与金对峙的资本，支持着半壁江山。既然如此，那就让我们揭开历史的面纱，来看看它的真实面貌吧！

两宋时期，随着浙东平原经济的发展，浙东运河作为江南运河的延伸和补充，其作用和地位日渐重要。尤其是宋室南迁建都临安（今浙江杭州）后，宋代的政治经济形势发生了重大变化。宋金对立使得京杭运河北部与江南联系中断，钱塘江入海航道也由于泥沙壅塞被弃用，浙东运河成为唯一沟通首都与经济发达的绍兴府、明州及明州海港的水上交通要道，包括军队与军需品、皇室御用物资、帝后梓宫安葬、海外贸易货物、外国使节往来和经商贸易等的交通运输，都依赖这条运河进行。甚至宋高宗赵构当年为逃避金兵的追击，也是走这条运河，

▲ 古画中的南宋杭州城运河沿岸繁荣景象

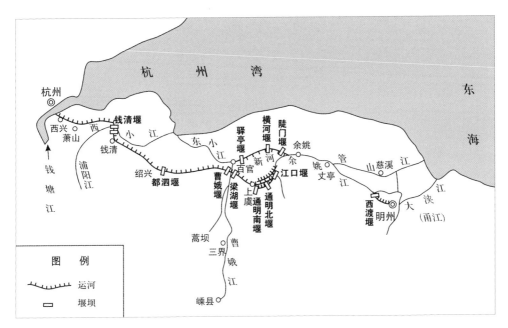

▲ 宋代浙东运河示意图

从临安经越州、明州入海的。因此，浙东运河俨然成为南宋王朝的一条重要生命线。

浙东运河虽然肩负的使命重大，但其自身的航运条件并不理想。它所穿越连接的钱塘江、钱清江、曹娥江、余姚江落差较大，又受潮汐影响，运河水位全赖沿途的闸、堰调节和维持，并且经常需要候潮通航，给航运带来许多不便。

北宋末年，知明州军蔡肇记载从杭州经越州到明州的运河行程，谓"三江重复，百怪垂涎，七堰相望，万牛回首"，实际就是浙东运河通航不易的形象说明。所谓"三江重复"，即钱塘江、钱清江、曹娥江三条潮汐河流横截于运河上，把运河分隔成多段，最后统一汇入杭州湾。"百怪垂涎"即运河沿途上游山丘河流众多，蜿蜒而下，变化多端。"七堰相望"是指当时设立的7个堰坝，自西向东依次为：西兴堰、钱清北堰、钱清南堰、都泗堰、曹娥堰、梁湖堰、通明堰，这些堰都位于人工运河与自然河流平交处。其中，西兴堰与钱塘江平交；钱清南堰、钱清北堰与西小江平交；都泗堰与鉴湖平交，建于南宋宣和年间（1119—1125年），是为了方便高丽使臣来往而设的；曹娥堰、梁湖堰与曹娥江平交；通明堰与姚江上游支流通明江平交，是浙东运河人工河道和自然河道的分界点。由于过堰时需等候涨潮，每每是堰下船舶云集。"万牛回首"即过堰时，小者挽纤、大者盘驳，主要依靠老牛负重，盘旋回首，艰难万状。《建炎以来系年要录》记载：南宋建炎三年（1129年）宋高宗赵构仓皇奔逃时，一时间御舟无法过都泗堰，赵构焦虑之下，只好命令破舟而过。宋高宗两次航行，从临安（今浙江杭州）过江至明州（今浙江宁波）出海，对浙东运河的淤浅情况有着亲身体会。

为改变这一航运艰难的状况，两宋时期，特别是南宋对浙东运河开展了多次疏浚整治，主要集中在上虞段、鉴湖运河航道（会稽段）和萧山段。规模比较大的如：南宋绍兴元年（1131年），曾征发役工一万七千余名整治了会稽段自绍兴都泗堰至曹娥搭桥的河道。整治之后，浙东运河的通航状况得到明显改善。据嘉泰《会稽志》记载，其时在萧山县境内可行二百石舟，山阴县境内可通行五百石舟，在上虞县境内可通行二百石舟，过通明堰进入姚江后，又可通行五百石舟。浙东运河的航运条件和繁荣程度，达到历史极盛。南宋文人王十朋《会稽风俗赋》描述当时的浙东运河"堰限江河，津通漕输，航瓯舶闽，浮鄞达吴，浪桨风帆，千艘万舻"，以诗的语言，描述了运河鼎盛时期的繁荣景象。

浙东运河穿越了多条自然河流，为维持不同区域的水位并使船只顺利通航，运河中修建了许多闸坝工程。这些水工设施与浙东地区数量众多、形式各异的桥梁相互交融，成为浙东运河的特色，也是浙东运河重要的遗产。与其他地方不同的是，浙东运河上的主要通航工程是堰坝，而闸一般不通船，仅作为启闭控制水量交换使用。当时采用牛拉船只过坝，以致一些外国使者经行于此，十分好奇。北宋时期，日本僧人成寻（1011—1081年）于北宋熙宁五年（1072年）前往佛教圣地天台山、五台山巡游，写有入宋日记《参天台五台山记》，对牛拉船只过坝的情形有生动描述。

▲ 清代杭州地区牛拉船只过坝图

如对船过钱清堰的描述：

（熙宁五年五月六日）未时，至钱清堰，以牛轮绳越船，最稀有也。左右各以牛二头卷上船陆地，船人多从浮桥渡——以小船十艘造浮桥，大河一町许。

五月七日和八日相继到达都泗堰和曹娥堰后，又写道：

（五月七日）过五里，有都泗门，以牛二头令牵过船。都泗二阶门楼五间，如迎恩门。

（五月八日）辰一点潮满。元以水牛二头引上船陆，次以四头引越入大河——名曹娥河。向南上河。河北大海也。

除水闸堰坝之外，浙东运河上古桥和古纤道也是其显著特色。世界文化遗产中国大运河的遗产清单中，就列有绍兴八字桥和绍兴古纤道。八字桥始

▲ 绍兴八字桥

▲ 浙东运河萧山—绍兴段
古纤道

建于南宋嘉泰年间（1201—1204年），处于广宁桥和东双桥之间，是我国最早的"立交桥"，因形状如"八"字而得名。八字桥既是我国石桥梁之特例，又是一尊精湛的艺术珍品。民谚云："大善塔，塔顶尖，尖如笔，写尽五湖四海；小江桥，桥洞圆，圆如镜，照见山会两县。"八字桥附近一带，古民宅保存较为完整。2014年，八字桥和八字桥历史文化街区都作为中国大运河的遗产清单，入选了世界遗产名录。

古纤道是背纤人行走的道路，又是来往船只躲避风浪的屏障，初名运道塘，俗称纤塘路。浙东运河古纤道集中位于萧山和绍兴市境内，始建于唐元和十年（815年），全长百余里。至今保存最完整的一段位于柯桥至钱清一带的运河上。古纤道两面临水，多在水深河宽处，其路基是用石条砌成的一个个石墩，高出水面半米左右，墩间用三块长约三米、宽约半米的石板平铺而成桥面，故又有"白玉长堤"的美誉。纤道顺着运河，时而一面临水，一面依岸；时而两面临水，平铺水中，俨然一条飘带，蜿蜒伸向水天极目之处，构成浙东运河上奇特的一景。

南宋重视对外贸易，浙东运河航运的兴盛，促进了沿岸城市的发展，绍兴、余姚、宁波、定海成为昌盛的工商业城市和港口码头货物集散地。绍兴、宁波还设有对外贸易机构,成为国际性的商业都市。

正是由于浙东运河对南宋社会的重要作用,后人评价浙东运河甚至不亚于北宋时期的汴河,这虽不免有些夸大,但却反衬出浙东运河在南宋确实有着不同寻常的重要地位。

◎ 第五节　领先西方400年的复闸技术

现在人们出行,首选的交通工具当然是快捷方便的高铁,若是乘坐轮船,更多是观光旅游。如我们乘坐游船参观三峡大坝,可以领略三峡壮丽的风光。但在古代,由于交通不便,人们出行更多的是车马舟船,南方水运发达,以舟船为主;北方畜牧业发达,马匹耐力好、速度快而成为人们的代步工具,因此有"南船北马"之说。但乘船过河,由于河道沿线各地地形高低不一,在船只通过这些河段时,就需要修建通航建筑物,通过调节河道水深、水面比降和流速,保证船只顺利航行。现代通航建筑物应用最多的是船闸,但古代最初并没有船闸。船闸的出现和发展过程中,我国古代人民创造了一项伟大发明,它就是

▲ 淮安市"南船北马舍舟登陆"题刻

北宋雍熙元年（984年）在淮扬运河上出现的复闸技术，相比西方的船闸技术，要早近400年。

一、从堰埭到单门船闸

船闸是使船舶通过航道中有集中水位落差河段的一种通航建筑物。它是一厢形构筑物，由上、下游引航道与上、下游闸首连闸室组成。闸室是停泊船舶（或船队）的厢形室，借助闸室内灌水或泄水来调整闸室中的水位，使船舶在上、下游水位之间做垂直的升降，从而克服集中的航道水位落差。船闸的前身称作堰埭，堰埭是古代横截河渠、防止河水走泄、调整水面比降和提高通航水深的一种过船建筑物，多由土石材料或草土材料做成。为使船只通过，在它的上、下游面做成较缓的平滑坡面，用人力或畜力拖拉滑上滑下，实际就是原始的斜面升船机。三国吴赤乌八年（245年）开破冈渎，始有堰埭记载。在唐宋时有较大发展。

船过堰埭时，重载航船一般要卸载，空船靠人力或水牛拖拽过坝，过坝之后再装载货物继续航程。大船则需要借助绞盘等简单机械，类似今天的斜面升船机，至今在一些地区仍可见到。堰埭是不可操作的实体建筑物，船过堰埭费时费力，十分不易，可不像现在让人有闲暇去领略沿途风光的。到公元5世纪初，在淮扬运河与长江衔接的扬州，出现了一种新的通航建筑物——斗门（即今天的闸门），用以调整运河水面比降，保证船只顺利航行。如南宋景平年间（423—424年），在扬子津（今江苏扬州的扬子桥）河段上建

▲ 民国时期江南地区的人力船只过坝照片（20世纪20年代）

造了两座斗门，顺序启闭，控制两斗门间河段的水位，船只就能克服水位落差通航。我们将这一设施称为单门船闸，简称单闸，又称半船闸。唐代，在今广西境内的灵渠上明确记载了这一设施，称之为陡门或斗门。灵渠修建于公元前 3 世纪初，很有可能当时也有同样功能的设施，形制也可能比较简单。不过由于缺乏文献记载和考古证据，这一认识只能权当一种推测。

单闸是古代最常见的闸型，沿用的时间也最长，一直到清末仍在使用。单闸虽然比较省力，但开闸通船时，受水流冲击的影响，存在很大风险，对船只安全不利，特别是在地形落差较大的河段，更是非常危险。另外，若是河段的水源不足，单闸的上、下两个闸门之间由于距离较远，也容易造成水量的损失。

二、乔维岳和西河二斗门

到宋雍熙年间（984—987 年），在淮扬运河上，出现了多个闸门的船闸，当时称"二斗门"，这样就免除了水流冲击和水量损失对船只的影响，真正保证了船只的顺利通航。我们将这一新的通航设施称之为复式船闸，简称复闸，它是现代船闸的雏形。复闸的出现，是我国水运工程技术的重大突破，是我国古代的一项重大发明创造。英国科学史家查尔斯·辛格主编的《技术史》中，评价其为"一种在

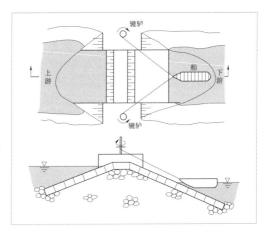

▲ 古代船只过堰示意图

▲ 系列单门船闸

技术上至关重要的设施"。李约瑟则称其为"世界历史上第一个塘闸",并且写道"很明显欧洲人不能取代中国人在发明塘闸方面的先驱地位",欧洲的复式船闸"确切的最早的出现时间是1373年,在荷兰……"。这里的塘闸即复闸。很明显,我国复闸的出现,比欧洲早了近400年。

当时淮河山阳一带,水势湍急,行船多遭倾覆。乔维岳负责治理这一河段,创建了两个斗门的船闸,后人称之为西河闸,它是一座复闸形式的船闸。据《宋史·乔维岳传》记载:

"淮河西流三十里曰山阳湾,水势湍悍,运舟多罹覆溺。维岳规度开故沙河,自末口至淮阴磨盘口,凡四十里。又建安北至淮澨,总五堰,运舟所至,十经上下,其重载者皆卸粮而过,舟时坏失粮,纲卒缘此为奸,潜有侵盗。维岳始命创二斗门于西河第三堰,二门相距逾五十步,覆以厦屋,设县门积水,俟潮平乃泄之。建横桥岸上,筑土累石,以牢其址。自是弊尽革,而运舟往来无滞矣。"

这段文献记载了运河为保证航深,由建设节制水流的堰埭到建设复式船闸的原因,以及最初复式船闸的主体结构。当年淮扬运河高于两端的淮河和长江,西河闸位于淮扬运河北面的入淮口,两门之间的闸室长50步,约80米,等待运河水位与淮河潮位相近时开闸,以使船只平稳通过。于是省去船只盘坝的辛苦和物资的损失。复闸的工作原理大致是:当船只由淮河入运河时,首先开启临淮闸门,船只进入闸室;船只进入后,关闭临淮闸门,并由储水设施向闸室注水,提升闸室内水位,待其与运河水位相平时,再开第二道闸门,船只驶入运河,

小贴士

乔维岳

乔维岳(926—1001年),字伯周,北宋陈州南顿(今河南项城)人。古代复闸的发明人,所发明的复闸比欧洲早近400年。后周显德三年(956年)进士,北宋雍熙年间(984—987年)任淮南转运使,权知楚州。

完成过闸过程。这与现代船闸工作原理一般无二。

与单闸相比，复闸通过两座闸门（一个闸室）调节闸室内水位上下，可以达到船只平顺过闸。若是三门两闸室，还可将原来的上、下游较大的水位差分解为两级落差，这样船只通过也就变得更加平稳了。

日本僧人成寻于北宋熙宁五年（1072年）来华朝觐佛教圣地天台山和五台山时，曾乘船由江南运河和淮南运河北上。他在由运河入淮时曾有过闸经历，但他在楚州（今江苏淮安）经过的已经不是近百年前的一座复闸，而是两座了。第一座是在楚州，成寻所乘船九月十七日先是在闸头等候淮河涨潮，"戌时，依潮生，开水闸。先入船百余只，……船在门内（即闸室中）宿。"到第二天（十八日）"戌时，开水闸，出船"，顺利通过第一座复闸。接着又向西北经"过六十里，至楚州淮阴县新开驻船"。至第三天（十九日），继续航行，"过六十里，申三点至闸头，石梁镇内也。戌时，开闸，出船，至淮河口宿"，此时已进入第二座复闸的闸室，并于第四天（二十日）"寅时，出船，入淮河"。十九日至二十日经过的第二座复闸是乔维岳原建的西河闸。两座复闸相距120里，船走了四天。

三、复闸的推广和衰落

乔维岳创建的这种双门形式的船闸，之后得到进一步推广。特别是江南运河上运用最多。如镇江的京口闸、仪征的真州闸、丹阳的吕城闸、常州的奔牛闸、嘉兴的杉青闸和长安闸等，都曾改建为复闸工程。其中，仪征的真州闸因沈括在《梦溪笔谈》中的记载，更为后人熟知。欧洲有一幅反映17世

▲ 17世纪意大利米兰的一座船闸，在河流中将驳船从一个高度移至另一高度的闸室

纪意大利米兰的船闸图片，从图片来看，其与真州闸和西河闸有异曲同工之妙。2010 年在上海举办的世博会上，南京博物院选送的三维动画片《运——真州水闸》用三维动画复原了北宋真州闸，形象地再现了真州闸的昔日风采，还获得了优秀作品奖。

复闸的出现，是古代水运工程技术的伟大革新，也是一项成功的船闸节水技术。但从它诞生开始，就遭遇到专制特权的干扰。高官权贵经常利用鲜贡过闸优先的特权，随时开闸放水，水澳也不能完全发挥应有的作用。加之后来宋金战争的破坏，江南运河上的复闸逐渐湮灭。最终，先进的技术不得不向现实低头，以退步而告终。

复闸虽然存在时间很短，可谓昙花一现，但这并不能掩盖其在科学技术史上的光芒。李约瑟《中国科学技术史》列举了 26 项中国古代的重要发明，复闸就占有一席之地。

元明清时期，为克服坡降较大的地形带来的航运困难，京杭运河修建了成系列的船闸，规模很大，但都是单闸，从船闸技术来说，并没有出现显著的实质性的突破。

▲ 宋代江南运河上的复闸位置示意图

◎ 第六节　续写辉煌的澳闸技术

复闸技术发明约百年后，又有新的进步。元符二年（1099年），江南运河上出现了新的船闸技术——澳闸，这是复闸技术的进一步发展。与复闸相比，这一技术不仅可以调整水面比降，而且还可以节约水源。

一、澳闸的出现

最先提出运用澳闸技术修建船闸工程建议的是曾孝蕴。曾孝蕴（1057—1121年），福建晋江人，著名军事著作《武经总要》作者曾公亮的侄子。绍圣年间（1094—1097年），曾孝蕴主持发运司时献《澳闸利害》，建议在"扬之瓜州，润之京口，常之奔牛"这三处极度缺水的地段修筑节水澳闸，代替原有的堰埭。《宋史·河渠志》记载："（元符）二年（1099年）闰九月，润州、京口、常州奔牛澳牐（古同"闸"）毕工。"《宋史·河渠志》亦记载："徽宗崇宁元年（1102年）十二月，置提举淮浙澳牐司官一员，掌杭州至扬州、瓜州澳牐。"

澳即水澳，就是蓄水的地方，和水库的蓄水性质一样，只不过

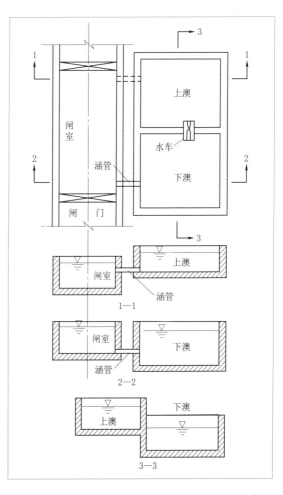

▲ 澳闸运行原理示意图

小贴士

澳闸

澳闸是集复式船闸与蓄水设施于一体的系统工程。为节约和保证复闸或多级船闸的用水，多在闸旁适当高程建小型水库（水柜），称积水澳或归水澳。前者用于汇集溪水、雨水、坡水或从低处提升积水、流水以补充过闸的耗水，后者回收船只过闸时的耗水，再提升至积水澳或闸的上游，重复使用。澳闸兼有通航、蓄水、引水、引潮、避风等多种功能。

水库是大的蓄水工程，水澳是小的蓄水工程。水澳有积水澳、归水澳之分。积水澳的正常水位高于或平于所连闸室（一般是上游闸室）的高水位，其作用是补充船只过闸所耗之水，抬高闸室水位，使其与上游水位相平。归水澳的正常水位低于或平于所连闸室（一般是下游闸室）的低水位，以回收闸室水位降低时的下泄水量，使其不流失到下游。归水澳中的水可以根据需要提升至积水澳中重复使用。普通的复闸过一次船最少也要消耗（下泄）一闸室的水，自从有了"澳"以后，这些本来要下泄流失的水得以重复利用。

因此，通俗地讲，"澳闸"就是修建有水澳的复闸。宋代澳闸是一种非常成功的船闸类型，在规划设计、建造和运行管理方面都有其独到之处。江南运河上的京口、吕城、奔牛和长安四闸都曾建有澳闸。其中以京口闸和长安闸尤为著名。

二、江南运河第一闸

京口闸素有"江南运河第一闸"之称，位于润州丹徒县（今江苏镇江），地处长江与京杭运河的交汇处，是历代漕运的"咽喉"。该州地形南北低而中间高，是长江和太湖流域的分水岭。船只经润州，为保证通航用水，唐代及北宋都在此设有堰埭。北宋元祐四年（1089年）大旱，由润州知州林希主持，修筑了上、中、下三个闸门，形成两个闸室。林希（1035—1101年），福建福清人，北宋新党的中坚人物，嘉祐二年（1057年）进士，《宋史》有传。其后，元符二年（1099年），在闸室附近开辟了两个储水水澳。《嘉定镇江志》记载，北宋所建京口闸的总体规划是：

"南徐地高仰，漕渠贯城中，为西津斗门达于江，以出纳纲运。昔之为渠谋者，虑斗门之开而水走下也，则为积水、归水之澳以辅平渠。积水在东，归水在北，皆有闸焉，渠满则闭，耗则启，以有余，补不足，是故渠常通流而无浅淤之患。"

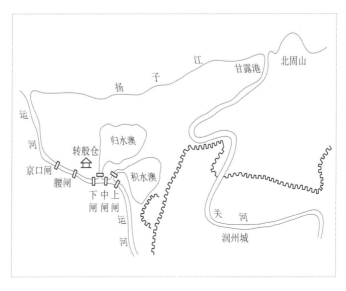

▲ 北宋元符二年（1099年）
京口闸布置示意图

这里讲到的，尤其是"虑斗门之开而水走下也，则为积水、归水之澳以辅平渠"，言简意赅，道出了澳闸创新的精髓所在。同时，为便于水澳与闸室之间的连通，当时还建有渠道及控制闸门。如此，就可以通过运河与水澳的联合运行，将上一级闸室中的部分弃水存入位置低于闸室的归水澳里，待需要时，再由归水澳返回补入船闸。经水澳调蓄，实现了部分水量的重复利用，达到了节水的目的。这对处于水资源奇缺的山脊上的运河尤为重要。

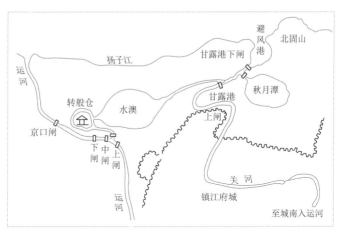

▲ 南宋嘉定十一年（1218年）
京口澳闸系统示意图

南宋时，为满足漕运需求，郡守史弥坚于南宋嘉定六年（1213年）主持重修了京口澳闸。修复后的归水澳，容积达 200 丈^3，护仓壕容积 200 丈^3，东面接长江的甘露港 120 丈^3，再加上新浚湖潭，总计相当此前归水澳容积的 3 倍。相互之间都有水闸节制。闸室规模也非常大，其中中闸和上闸之间的闸室长达 39 丈（约 130 米），宽 27 丈（约 90 米）。修复后的京口澳闸，澳、渠、闸配合运行，发挥引潮、蓄水、节水的综合功能，成为古代船闸设施最为完备的一座澳闸。

▲ 长安闸示意图

三、三闸两坝的长安闸

宋代另一座著名的澳闸是位于浙江海宁的长安闸。长安闸始建于唐贞观年间（627—649 年），初为堰，为江南运河上的交通和军事枢纽。宋熙宁元年（1068 年），改建成长安三闸，为复式船闸。这时，长安堰和长安闸并存。北宋崇宁二年（1103 年），"易闸旁民田，以浚两澳"。此后，长安闸上船闸与拔船坝并存，大船或载货船经船闸出入，小船或空船则过坝上、下塘河。长安闸至清中期以后废弃。

长安闸是一个枢纽工程，包括"三闸两坝"，是两种不同的通航技术模式。两种模式在一地并存，在大运河流经的地方并不多见。三闸即上、中、下三闸，三闸有两个水澳。据现代考古实测，下闸与中闸之间的闸室长约 140 米，中闸与上闸的闸室长

125 米，闸座宽约 6.9 米。闸座两旁边墙一般呈"八"字形展开，闸室宽度为闸座宽度的数倍，每个闸室能够容纳几十只漕船。两坝即长安新老两堰（坝）。长安三闸与长安坝，在北宋后期是同时并存的，分别用于"自上而下"与"自下而上"两种不同的航程。这在成寻《参天台五台山记》中可以得到证实。

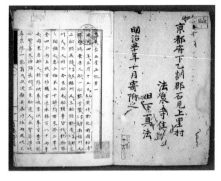

▲ 《参天台五台山记》书影

北宋熙宁五年（1072 年），日本僧人成寻参访五台山，乘船从杭州出发，乘舟北上。沿上塘河（上河），抵达长安镇，去往崇长港（下河），对当时的航运情况有形象描述：

（北宋熙宁五年八月廿五日）庚子，天晴。卯时，出船。午时，至盐官县长安堰。未时，知县来，于长安亭点茶。申时，开水门二处，出船。船出了，关木曳塞了。又开第三水门，关木出船。次，河面本下五尺许，开门之后，上河落，水面平，即出船也。

此处记载从上河往下河，过闸出船很顺利，所用时间不多。先是开启两道水闸，即上闸与中闸；过中闸后，开启"第三水门"即下闸；过下闸后，即进入下河。可见，长安闸以三闸门的次第启闭，调节不同闸室内的水位，形成上、下河之间的"平水"，实现通航。这和经过落差较大的扬州真州闸、镇江京口闸（与长江相接）和淮安西河闸（与淮河相接）的用时相比，大大缩短。现代人复原了长安闸的运行机制（见 93 页图）。

次年（1073 年），成寻访五台山归来，自汴京返回杭州，乘舟沿崇长港（下河）过长安镇，去往上塘河（上河）。其过长安的情形如下：

▲ 长安堰（坝）过坝模型图

（北宋熙宁六年五月）十九日辛酉……今日未时，左右辘轳，牛合十四头，曳越长安堰了，盐官驿内也。

与此前不同，成寻乘坐的船只，从下河驶往上河，则采取畜力牵引的"翻坝"形式。左右各七头牛，转动辘轳，牵引船只，翻越长安坝。自下往上的航程，"过闸"的方式较难实施，故而翻坝。

历代描写长安闸的诗词众多，两宋时期尤盛。因此，长安闸也是一座"诗闸"。南宋绍兴十四年（1144年），诗人范成大从苏州乘船赶往临安考试，过长安时，为长安闸的繁忙景象所震撼，写下了脍炙人口的《长安闸》。诗曰：

斗门贮净练，悬板淙惊雷。

黄沙古岸转，白屋飞檐开。

是间袤丈许，舳舻蔽川来。

千车拥孤隧，万马盘一坏。

篙尾乱若雨，樯竿束如堆。

摧摧势排轧，汹汹声喧豗。

诗中描绘的斗门即闸门，悬板即闸板，一块块从槽柱提起闸板，河水冲出，声若惊雷。白屋指的是税吏居住的房屋，以白色的条石砌筑而成，在中闸东南三丈处的高岸上，目前还遗存有条石数十块。"千车拥孤隧，万马盘一坏。篙尾乱若雨，樯竿束如堆。"描绘的是当时长安闸的繁忙，其时，浙西仅有这一个船闸可通北方，南来北往的船只都要在

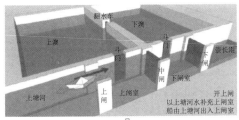

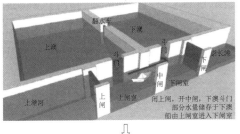

（a）船只由上塘河入崇长港

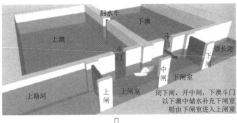

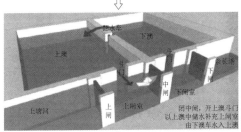

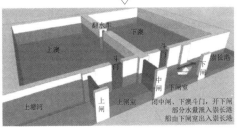

（b）船只由崇长港入上塘河

▲ 长安三闸运行机制示意图

此过闸，形成了千帆相拥、樯橹相连的盛况。

事实上，被长安闸所震撼的不仅仅只有范成大，南宋著名诗人杨万里、陆游乘舟过长安时，也都不吝笔墨，留下诗文传世。如今，长安闸已只剩"残垣断壁"，但仍能通过前人留下的诗词，一见长安闸昔日的繁华。

长安闸作为连接江南运河和太湖水系的重要枢纽，工程设施完善，达到了引潮行运、蓄积潮水、水量循环利用的多重工程目的，具有保障程度较高的通航功能，是世界上现存建筑年代最早的复闸实例，是这一时期中国水利技术领先世界的标志性工程。2006年，长安闸作为京杭运河的一部分，被国

▲ 长安老闸的闸槽

▲ 长安闸新貌

务院批准为第六批全国重点文物保护单位。2012年，考古专家对长安闸坝遗址中的下闸进行了考古发掘，发现系统性设计建造的闸基、闸体。闸体后侧由石柱和两排石板组成，石板后方堆着不少大石块。石柱与石板间都有闸槽，让两者对接得十分紧密。石柱与石板之间接合的应该是古代的一种特殊的黏合剂，包括了鸡蛋清、糯米等。据初步判断遗存属于宋代，进一步证明了长安闸的历史价值。2014年6月22日，中国大运河在第38届世界遗产大会上被列入世界遗产名录，长安闸作为遗产点列入其中。

第四章

艰巨的使命

——元明清时期的大运河

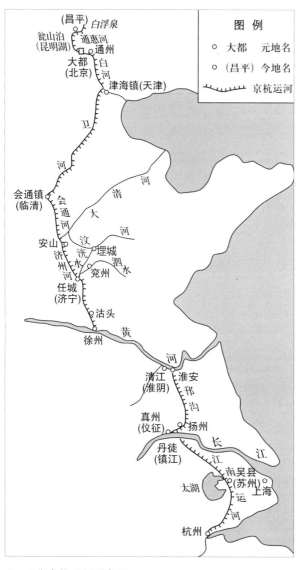

图 例

○ 大都 元地名

○ (昌平) 今地名

〜〜〜〜 京杭运河

▲ 元代京杭运河示意图

元明清建都北京，随着政治中心的北移，骨干运河的布局发生重大变化。经过元代对山东段运河的裁弯取直，并重新设计北京段运河，京杭运河最终弃弓走弦，在13世纪末实现了南北方向上的直线贯通。这就是人们常称的京杭运河。自此，江南漕船从杭州出发，向北越过长江、淮河、黄河，可以一直通到北京。

提到京杭运河，那就必须提到元代杰出的科学家郭守敬。他主持设计的会通河段，以及负责设计并施工的通惠河段，即使以现代的科技水平来看，也属于高超的科技成果。

明、清两代，困扰大运河的主要有两大问题：一是地形高差的问题，特别是山东地垒段的跨越问题；二是黄河的问题，善淤善徙善决的黄河，严重威胁着航运安全。对于前者，通过元、明两代人的努力，修建了精妙的南旺分水枢纽，并沿运置闸修坝，使南来北往的船只顺利穿越了山东地垒的"鬼门关"。对于后者，明、清两代经过长期不懈的努力，通过开凿新的运道，在17世纪末，终于使运河摆脱了黄

河的干扰。此外，黄河泛滥，导致黄、淮、运三大
河流在清口交汇，形成了非常复杂的局面。明、清
两代为保障运河畅通，在这一带修建了大量水利工
程，使其成为我国历史上水利工程最为密集的地区，
堪称"中国水工历史博物馆"。

从13世纪到19世纪，大运河在其600年的生
命中，一直是各王朝南北经济运输的大动脉，支撑
了大一统帝国的发展和兴盛，也带来了沿线城市的
繁荣。首先受益的就是漕运终点的北京城，正是得
益于这条昼夜流淌的大运河，从而造就了元明清时
期北京城的繁荣，也奠定了今日北京城的格局。

清咸丰五年（1855年），黄河在河南兰考铜瓦
厢决口，冲击了山东境内的大运河堤岸，大运河至
此开始走向衰落。后来大运河逐渐演变成为区间运
河。不过，就运河光荣历史和文化价值而言，它始
终是恒久永存的。

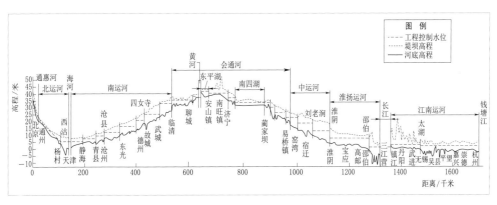

▲ 元明清时期京杭运河地形高程图

◎ 第一节 规划大师郭守敬

北京城区什刹海西海西北部的小岛上，有一座始建于明代的古建筑，名汇通祠。它旁边矗立着一座古人塑像，手拿书卷，眺望远方，仿佛在沉思什么。拾级而上，一座颇具古典气息的四合院静立在小山的最高处。小院面积不大，但朱墙环绕，佳木葱茏，炎炎夏日，实为一处休闲纳凉的好去处。这位塑像人物，便是元代著名科学家郭守敬；山上的这座四合院，便是郭守敬纪念馆。

郭守敬（1231—1316 年），字若思，河北邢台人，擅长水利及天文历算。受其祖父郭荣影响，郭守敬很早就在科技领域显示出不凡的才能。后官至同知太史院事，世称"郭太史"。说起郭守敬，古

▲ 郭守敬纪念馆

往今来对其都有着极高的评价。元代学界领袖许衡（1209—1281 年）堪称当时的大师级人物，在谈到郭守敬的才能和作为时，十分感慨地说：上天真是保佑我元朝，像郭守敬这样的人才，世间哪能轻易出现？"呜呼，其可谓度越千古矣！"他的学生及太史院的继承人齐履谦总结郭守敬一生突出贡献和成就时，称其"以纯德实学为世师法"，有三方面是后人难以超越的，即水利之学、历算之学、仪象制度之学。1962 年，邮电部曾发行一套《中国古代科学家》的邮票，其中一枚即为郭守敬，昭示了郭守敬在科学方面的突出贡献。

▲ 1962 年发行的郭守敬纪念邮票

　　郭守敬最早赖以成名的是水利之学。他曾担任都水监，主管全国的水利事务，其中对后世影响最为深远的，就是主持了京杭运河最困难的两个河段的规划和设计，即会通河段和通惠河段。其所作的规划线路，即使以现代科技水平来衡量，也是非常合理的。现代人评价郭守敬是京杭运河的缔造者、总规划设计师，这一点也不为过。下面，就让我们看看他在京杭运河勘测规划中，是怎样不平凡的！

小贴士

都水监

　　都水监为官名，是指古代掌河渠、津梁、堤堰等事务的官员。按汉官制，太常属官有都水长及丞。汉成帝（刘骜）以后都水官渐多，置左、右使各一人，东汉置河堤谒者，晋又置都水使者，而以河堤谒者为都水官属。南朝梁改都水使者为大舟卿，为卿寺之一，北朝至隋则称都水台，唐称都水监。宋之都水监有外监或外都水丞，为地区实际负责河道堤防之机构。金元仍如前制。明、清称号归并于工部之都水司，遂无专任水利工程之官。明设总河都御史，清设河道总督。

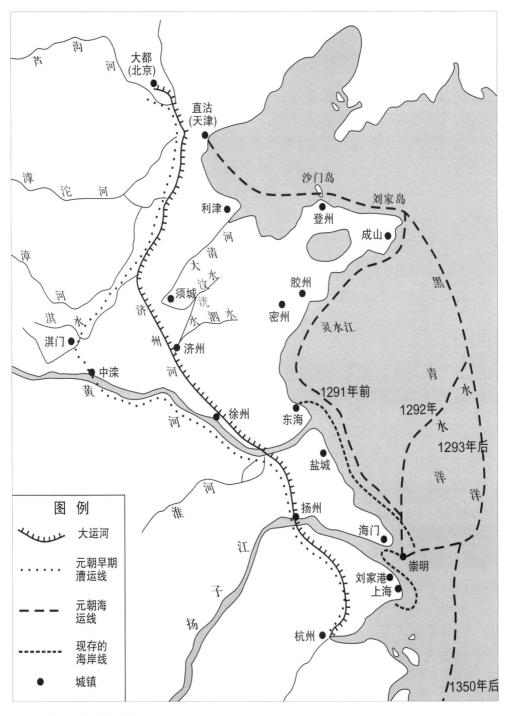

▲ 元朝漕运路线示意图

一、主持山东段运河的勘测规划

元朝定都大都（今北京），当时南北物资运输主要有两条途径：一是海运，二是水陆转运。海运运输量较大，但常有船舶翻沉或漂失，发生海难；水陆转运相对安全，但需转卸货物多次，耗费人力畜力。至元十二年（1275年），丞相伯颜率兵征伐南宋，深感南北水运通道的重要，于是建议开通京杭运河，并派时任都水监的郭守敬开展汶泗河段的勘测工作。

山东段运河（即后来的会通河）是元初江南漕船直驶大都最困难的一段，不仅需要解决运河水源不足的问题，而且还要解决运河如何跨过安山、南旺高地的问题。

至元十二年（1275年），郭守敬受命前往查勘。元人齐履谦（1263—1329年）所撰《知太史院事郭公行状》记述了郭守敬的这次查勘情况。

（至元）八年迁都水监。十二年丞相伯颜公南征，议立水驿，命公行视所便。自陵州至大名；又自济州至沛县，又南至吕梁；又自东平至堰城；又自东平、清河逾黄河故道，至与御河相接；又自卫州御河至东平；又自东平西南水泊（即今东平湖）至御河，乃得济州、大名、东平泗、汶与御河相通形势，为图奏之。十三年，都水监并入工部，遂除工部郎中，是岁立局改制新历，……遂以公与赞善王公率南北日官，分掌测验。

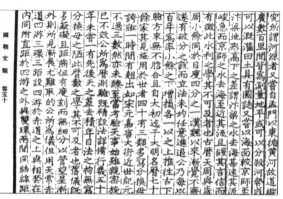

▲ 郭守敬大地测量文献书影

郭守敬勘测的路线共有 6 条。今日虽然我们无
缘见到这次查勘成果所绘制的"图",也无从得知
6 条测线的具体走向,但从其涉及的关键地点来看,
济州(今山东济宁)位于山东地垒的南端,与自东
北方向引来的泗水相接;大名(今属河北)位于御
河(今卫河)北岸;东平(今属山东)则紧贴汶水
北岸,仍然可以看出这次勘测的核心区域是泗水、
汶水和御河相互沟通的一带。今天,从地形上来看,
御河和泗水各在山东地垒一侧,分别向北流和南流,
二者之间的分水岭居中。因此,分水岭上的运河,
只能调集地势较高的汶水来补给航运用水,别无他

①—陵州到大名;②—济州到吕梁;③—东平到埕城;④—东平、清河到御河(今卫河);
⑤—御河至东平;⑥—东平西南水泊至御河

▲ 京杭运河可行性论证中郭守敬的勘测路线示意图

法。必须在适当的地点分引本地水量最大的汶水，汇入运河，再南、北分流，分别与御河和泗水衔接。可见，郭守敬布设6条测线的目标，当是以东平为中心，由东平分汶水入运河，并通过各条测线相互关系的调整，使运河河道能够平顺衔接。这一规划，基本满足了运河开凿的要求，细密周全，是一个全面综合的规划。虽然秦汉时期的灵渠和龙首渠都表现出相当高的测量水准，但是像郭守敬对山东段运河的测量，范围之大且如此复杂，反映出其已达到中国古代勘测的最高水平。即使放到现代水利勘测视野下来进行评判，也是科学和合理的。

郭守敬在山东段的测量和规划工作为大运河成功跨越山东地垒做出了科技方面的保障。遗憾的是，至元十三年（1276年），郭守敬奉调参与主持天文观测和历法（授时历）的制定。这一伟大的测量成果被埋没，并由此造成元代运河水源的困境，直到130年后的明永乐九年（1411年），才由山东汶上县的一位民间高人白英解决，实现了京杭运河的真正贯通，带来了明清时期运河的繁荣。

二、主持北京段运河的设计和施工

郭守敬对京杭运河所作的勘测规划，另一河段就是北京段。这是京杭运河最北的一段，其最为关键的问题是解决水源，以及河道坡陡水流湍急难以行舟的问题。实际上，这一段的工作开展得更早。中统三年（1262年），时年32岁的郭守敬向忽必烈面陈水利六事，其中第一件就是恢复中都（即后之大都，今北京）的旧漕河，以玉泉水为水源，东至通州。之后的至元二年（1265年），郭守敬还曾

▲ 清代所绘玉泉山图

引永定河重开金代的金口河。前者因玉泉水的水量有限，后者因永定河含沙量高，这两条漕渠最终都未能持续发挥作用。此后，郭守敬对大都周边开展了实地调查，对周边地区的地形和水文地质条件有了充分认识，发现在玉泉山西北几十里的温榆河上游地区，地下水丰富，分布有众多泉水，可以作为向大都漕运的水源。这本来是一项重大的查勘成果，但后来由于郭守敬被调任修订天文历法，发展大都漕运之事暂时搁置起来。

直到至元二十八年（1291 年），当时有人建议利用滦河和浑河溯流而上，作为向上都（今内蒙古锡林郭勒盟正蓝旗草原）运粮的渠道。郭守敬受命前往实地勘查，发现这些建议根本不切实际。趁此机会，他转而再陈开凿大都新运道的建议。《元史·郭守敬传》记载："大都运粮河不用一亩泉旧源，别引北山白浮泉水，西折而南，经瓮山泊（即今昆明湖），自西水门入城，环汇于积水潭，复东折而南，出南水门合入旧运粮河。……帝览其奏，喜曰：当速行之。于是复置都水监，俾守敬领之。"元世祖览奏后，非常高兴，并特别重置都水监，由郭守敬任领都水监事一职，全面负责新运道的设计和施工。

新运道自至元二十九年（1292 年）开工，到至元三十年（1293 年）完工，全长 82 千米。元世祖对工程高度重视，亲自主持开工仪式，仿效汉武帝塞瓠子决河的仪式，命"丞相以下皆亲操畚锸"到开河工地。新运道开通后，一时间漕船首尾相衔，积水潭中船舶汇集，盛况空前。元世祖亲临积水潭，见到"舳舻敝（蔽）水"的景象，龙颜大悦，即赐名为"通惠河"。

今日看这条渠线，选线颇多讲究。首先以白浮泉（又名神山泉）为水源，白浮泉水量大且稳定。明代《长安客话》记载白浮泉出口处有"二龙潭"，即两个蓄水池，说明当时出水很大。甚至到 1956 年，实测泉水流量仍达 0.236 米^3/ 秒。白浮泉以下，沿途还汇集了十大泉眼，这样就较玉泉水的水量大为增加。

▲ 白浮泉全貌（2008 年）

其次，即使如此，要把白浮泉水引到大都城，仍然不是件容易的事情。由于白浮泉出水的高度高出大都城很有限，其间又有沙河和清河两条河谷洼地，对引导昌平、西山一带的泉水向东流贯大都，形成了两道难以逾越的障碍。面对这种地形条件，郭守敬选定了一条避开障碍的理想路线：从白浮村起，转而向西开一条渠道，引白浮泉先向西行，然后靠近山麓布线，大体沿着 50 米等高线南下，避开河谷低地，沿途拦截沙河、清河上源及西山山麓诸泉之水，注入瓮山泊（今颐和园昆明湖），再利用瓮山泊实现对泉水水量的调节，并利用积水潭（元人称作海子）水面作为港口码头，便于货运集散。这个线路，和 1960 年代兴建的京密引水渠渠线相比较，二者基本吻合。其渠线走向大致分为三段：一

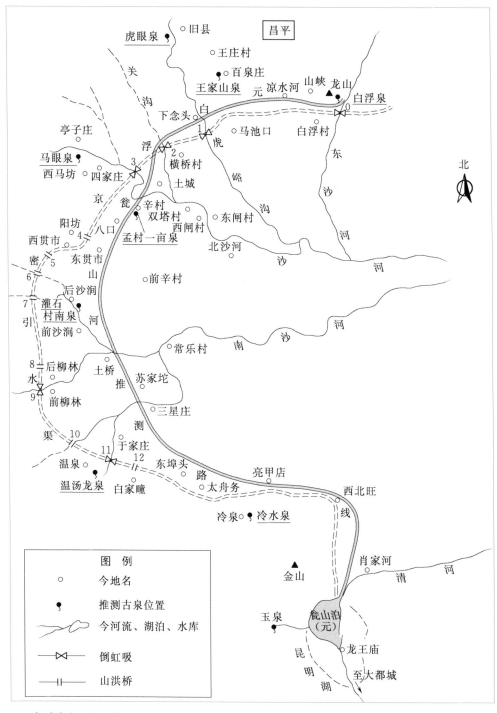

▲ 白浮瓮山河经行路线示意图

是白浮泉至横桥村北，渠道均在今京密引水渠北岸
200～300米处，高程都在50米以上。二是从横桥
至冷泉段，渠道在今京密引水渠东侧和北侧。这段
地面高程大多低于50米，填方量较多，因而也是最
易被山洪冲毁地段。三是从冷泉至瓮山泊段，渠道
在今京密引水渠东侧。这条渠线，既可多汇集泉水，
保证运道水源，又避免了穿过低洼的沙河和清河河
谷，保持了尽可能的高度。即使以现在的技术水平
来看，仍是最佳的选择方案。根据现代测算，白浮
泉的出水高程为53.4米，渠底高程50米；其下瓮
山泊湖底高程46米。这样，从白浮泉至昆明湖，渠
线长约32千米，渠道高程下降了4米，这样算来，
渠底平均坡降需要维持在万分之一左右，这对测线
布置是个严峻的挑战，同时彰
显了郭守敬高超的规划水平。

再有，在处理渠道与山溪
交叉的问题上，郭守敬在32
千米长的渠道上，创造性地修
建了12个"清水口"工程。
所谓"清水口"，就是渠道与
山溪的平面交叉工程。"清水
口"工程是用荆笆编笼装石建
成"自溃堤"，山溪过大时可
将其冲毁，洪水过后人工很容
易修复，类似都江堰的飞沙堰。
今天的京密引水渠，设置立体
交叉工程山洪桥7座，倒虹吸
5座，总共12处。而郭守敬
当年所建"清水口"正好也是

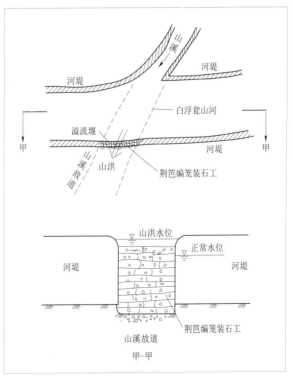

▲ "清水口"工程结构示意图

12 处。这不仅仅是数字上的巧合，由于700年前山溪与渠道的情况与今天基本一样，因此，当年的"清水口"与今天的交叉工程之间，存在着明显的对应关系，这也足以证明当初郭守敬精湛的地形勘测技术。从这一点来讲，也可以说京密引水渠是对元代白浮瓮山渠的继承和延续。不同的是，事过700年之后，它在新的历史时期，以新的形式与姿态继续发挥它的价值，当属运河"活态"之当代特征，可视为"新白浮瓮山渠"。

郭守敬的一生，仅水利方面就曾提出20余项工程建议，治理大小河渠数百处，为元代水利建设作出了重要贡献，特别是其在工程规划方面表现出的真知灼见，尤令人惊叹。在其晚年，有这么一则故事。大德二年（1298年），元成宗铁穆耳在上都召见郭守敬，议论修建元上都附近的铁幡竿渠的事情。郭守敬认识到所在之地是一条山区性河流，暴涨暴落，每遇山洪暴发，洪水滔天，容易泛滥成灾。因此，他提议设计时要加大排洪渠堰的宽度，至少要达到50步至70步（80~115米），否则十分危险。经办此事的官员认为郭守敬是夸大其词，不以为然，在实际修建中将排洪渠堰的宽度缩减了1/3。结果，翌年（1299年）山洪暴发，洪水宣泄不及，泛滥成灾，还险些冲毁元成宗的行帐。事发第二天，成宗对大臣们说："郭太史神人也，惜其言不用耳！"能被当朝帝王称之为"神人"，现代人称其为"13世纪中国最伟大的水利家和科学家"，确实一点也不为过！

◎ 第二节 弃弓走弦开会通

自隋代大运河形成后，一直到清末，历代大运河虽然都以北京和杭州为端点，但各时期走向却并不一致，大体经历了两种规制或走向：一种是以隋唐宋都城长安、洛阳、开封为中心，向北京和杭州两个方向展开，略呈扇形或弓形分布，习惯上称之为隋唐运河；另一种是从杭州直线到北京，中间不再绕行，相对于此前的"弓"形航线，这一航线可以称之为"弦"形，这也就是我们常说的京杭运河，存在时间主要是元明清时期。大运河从隋唐时期的"弓"演变为元明清时期的"弦"，也就是人们常说的"弃弓走弦"。大运河布局的这一重大变化，其最根本的原因当然是元明清时期政治中心的北移。这一变化，是继隋代运河之后大运河发展史上的第二次南北大贯通，也是大运河发展史上的一个里程碑。它不仅奠定了此后600年大运河的走向，而且大大缩短了航程，节省了运输成本。大运河布局的这一变化，最关键的部分是山东段运河。因为在元代之前，自山东济宁往南，通过泗水运道可达淮河，再通过江南运河到长江、钱塘江等河段；而自山东临清以北，可通过御河达通州。中间唯有济宁至临清近400里的一段，由于山东地垒的存在，历史上一直未能通航。由于这一段是京杭运河直线距离中地形高差最大的河段，因此也是贯通京杭运河最为艰难的一段。建设距离长、起伏大的越岭运河，不仅需要克服地势抬升的困难，而且还要克服水资源不足的难题。元代，通过两次施工，前后历经 30 余年，终告完成。这两次施工，一次是济州河的开凿，一次是会通河的开凿。

一、伯颜和济州河的开通

首先进行的是济州河的开挖。济州河的开凿与当时的丞相伯颜有很大关系。

▲ 伯颜像

至元十一年（1274 年）十月，伯颜率军伐宋，在进军江南的行程中，他深感到了水运的便利。次年（1275 年），他建议寻求自江淮到大都的河道路线，并委派时任都水监的郭守敬开展勘测工作，制定改造南北大运河的渠线规划。郭守敬在实地查勘的基础上，绘制成图，完成了一份高水平的渠线规划。至元十三年（1276 年），伯颜攻占杭州回到大都后，向元世祖忽必烈提出了开挖运河的建议："江南城郭郊野，市井相属，川渠交通，凡物皆以舟载，比之车乘，任重而力省。今南北混一，宜穿凿河渠，令四海之水相通，远方朝贡京师者，皆由此致达，诚国家永久之利。"伯颜向来为元世祖所器重，加上刚灭了南宋，威望极高，因此，伯颜的建议得到了元世祖和朝野的赞同，"穿凿河渠，令四海之水相通"，遂成为国策。但此后由于郭守敬被调任主持修订天文历法，加之元初战争连连，这一规划随之被束之高阁，此后数年未见兴工记载。

直到至元十八年（1281 年）十二月，朝廷派奥鲁赤、刘都水及"精算者"三人前往济州审定开河事宜，并命令当地新附军帮助做施工准备。工程从至元十九年（1282 年）十二月正式开工，次年（1283 年）八月竣工。其经行路线，从今山东济宁到东平安山，长130里。这段运河利用汶水和泗水，南通江、淮，北出大清河，至利津入海，然后接海运，因此又称"汶泗相通河道"。为了保证航运通畅，顺利翻越山脊，济州河还沿河置闸，节蓄水流。随着济州河的开通，元政府于至元二十年（1283年）十月，"立东阿至御河水陆驿，以便递运"。两年后，至元二十二年二月，"增济州漕舟三千艘，役夫万二千人"，进一步扩大了济州河的漕运。不过，这条运道只通行了三年，就因大清河受潮汐影响，常为泥沙所壅塞，难以出海，遂又改陆运至临清，接御河北上。当时，一年可以运送漕粮30万石。河道上原计划兴建14座石闸，后经勘察后改为8座石闸和2座石堰。

▲ 元代会通河及水源工程示意图

济州河的开通，证实了跨流域调水配水规划的合理，为后来运河最终实现御、汶、泗贯通和顺利穿越水资源贫乏地区跨出了关键一步。查尔斯·辛格在《技术史》中评价会通河段的开通说："在1283年竣工的那一段运河越过了山东的山岭，是最早的'越岭'运河。……在分开两条河的分水岭顶峰修运河需要大胆的想象力和在顶峰提供充足水源的相当的施工技巧。"

▲ 马之贞雕像

二、马之贞和会通河的开通

济州河开通后，终究只是山东运河的一段，向北到临清很远的路程还需要陆运，这严重影响了漕运的效率和总量。元人杨文郁记载当时这段只能依靠陆路转运的艰难情景："自东阿至临清二百里，舍舟而陆，车输至御河，徒民一万三千二百七十六户，除租庸调。奈道经荏平，其间苦地势卑下。遇夏秋霖潦，牛偾辄脱，艰阻万状。"济州河以北运河的续建成为当务之急。这一段运河，就是后来被元世祖赐名的会通河。其从设计到施工，同样有一个人起了重要作用，这就是马之贞。

早在至元十二年（1275年）丞相伯颜议立水运驿站，寻求江淮到大都的路线时，他就积极建言，陈述宋金以来汶泗河道相通的情况。济州河修建时，他官任汶泗都漕运副使，济州河上石闸工程的改建正是出自于他的建言。只是此后几年，朝廷热衷于发展海运，济州河以北运河的修建被暂时搁置起来。直到后来海运失败，加之当时的丞相桑哥、寿张（今山东梁山）县尹韩仲晖、太史院令史边源等，相继建言开河置闸，元世祖才决定继续开凿济州河以北河段，并命马之贞负责工程的设计和施工。

至元二十三年（1286年），朝廷派遣都漕运副使马之贞和边源等人查勘地形，估计工料并绘图上报。整个工程从至元二十六年（1289年）正月开工，六月完工。其经行线路，起于东昌路须城县安山之西南，西北至临清接御河，全长250余里。这一工程，号称"开魏博之渠，通江淮之运，古所未有"，规模浩大。工程完工后，元世祖甚是高兴，下诏赐名曰会通河。后来，会通河与济州河一起，统称会通河。

会通河和济州河，全长不足 400 里，约占京杭运河全长的 1/10，但却是京杭运河中最为关键的一段工程。其一，这一段河道跨越山东地垒，其位置最高的汶上县南旺镇，比北边临清高出约 12 米，比南边的济宁高出约 6 米。因此需要修建船闸，以调节运河水深和流速，使之适应船只航行需要。其二，会通河所经地区的地形，东部高于西部，因此运河的水源补给就要从其以东的河流和山麓泉水来寻找。因此，为调节水位，节制水源，保证运河的正常通航，在以后的几十年，会通河上修建了 31 座闸坝，到泰定二年(1325 年)始告完工，保证了漕运的畅通。因此，会通河又有"闸河"之称。梯级船闸的出现和运用，是京杭运河水利工程建设的重要进展。在西方，直到 17 世纪中叶，法国的布里亚尔运河（ Briare Canal ）才出现 40 组的梯级船闸，这比京杭运河晚了 300 多年。

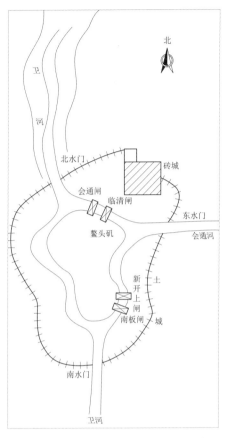

▲ 临清枢纽布置示意图

会通河上的梯级船闸较著名的如临清闸。临清位于会通河与卫河的交汇处，此处建有会通闸、临清闸等，合成"运环闸"，控制运河水量蓄泄，启闭船闸，确保漕船畅行无滞，是会通河北端入卫河漕运的枢纽所在。另外，还有荆门上闸、荆门下闸、阿城上闸、阿城下闸等，也都属于联合运用。

会通河上不仅闸坝数量多，而且工程技术复杂。仍以临清闸为例：头闸长 100 尺，阔 80 尺，两直身各长 40 尺，两雁翅各斜长 30 尺，高 2 丈，闸室阔 2 丈。中闸长、广与头闸相同。

▲ 清代麟庆《鸿雪因缘图记》中的临清枢纽和运河沿岸社会风情

隘船闸宽阔 9 尺，长广同上。

济州河和会通河的开通，解决了京杭运河中船队翻越坡岭的问题，是元代人民的一大创举。明代大学士邱浚曾言："臣惟运东南粟以实京师，在汉唐宋皆然；然汉唐都关中，宋都汴梁，所漕之河，皆因天地自然之势，中间虽或少假人力，然多因其势，而微用人力以济之，非若会通一河，前所未有，而元代始创为之！"稍后，至元二十九年（1292 年），元大都之东的御河竣工通航。自此以后，从大都往江南，纵跨海河、黄河、淮河、长江、钱塘江五大水系的南北大运河得以全线贯通。

◎ 第三节 "七分朝天子，三分下江南"

绵长的京杭运河上，有一处被称为"水脊"的地方，它就是山东省汶上县的南旺。此处地处山东地垒，海拔43米，是京杭运河的制高点，比北边的临清高约13米，比南边的徐州高约4.5米。

明代，为了合理控制大运河南北水量的分流，在此处河道的底部建造了一个鱼脊形状的"石拨"。通过改变"石拨"的形状、方向和位置，即可调整运河南北分流比例，这就是民间流传的"七分朝天子，三分下江南"的说法。当然，这只是一个形象的说法，并不绝对，而是根据实际情况具体调节分水的水量。

而河底的"石拨"，因为它的神奇作用，被称之为"龙王分水"。实际上，当时为保证大运河顺利跨越南旺"水脊"，古人在长期的探索和实践中，先后修建了一系列工程措施，实现了南来北往的船只顺利通过"水脊"，后来统称为"南旺分水枢纽"。至于分水口，则是其中的一个关键工程。下面介绍这一枢纽都是由哪些工程组成的，实践中是如何运用并保证大运河顺利跨越这一"水脊"的。

谈到南旺分水枢纽，得先说两个重量级人物，一位是官至工部尚书的高官宋礼。宋礼，字大本，河南永宁（今河南洛宁）人，侍奉过明朝四个皇帝，官至工部尚书、太子太保。因开凿运河有功，多次受到皇帝表彰。谥号康惠公，敕封"宁漕公""显应大王"。一位是被毛泽东称为"农民水利家"的平民白英。白英，字节之，山

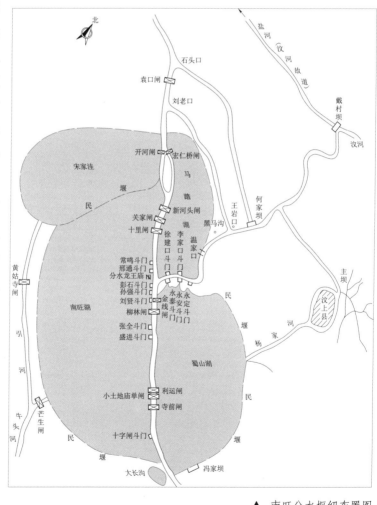

▲ 南旺分水枢纽布置图

东汶上白家店村人，祖籍山西洪洞。白英自幼以农耕为生，聪明好学，十分熟悉山东境内大运河及其附近地势、水情，是运河上的一位"老人"（相当于现在的水利工程师），因修治运河有功，被追封为"功漕神"，建祠于南旺。清雍正、光绪皇帝追封他为"永济神"和"白大王"，受到人民敬仰。

宋礼和白英，一位当朝高官，一位平民百姓，原本人生没有交集，是明初大运河的重新整治，将他们同时推上历史的舞台，相互依赖，相互成就，在大运河历史上共同写下了辉煌的一笔。

明洪武二十四年（1391年），黄河在河南原武县决口，漫过东平湖，造成运河大部淤塞，致使济宁至临清段运河漕船不能通行。永乐九年（1411年），明成祖迁都北京后，随着政治中心的北移，漕运形势发生了根本变化，京师及北边粮饷，全部仰仗东南地区。于是，明成祖决定重新开通大运河，并派工部尚书宋礼、刑部左侍郎金纯、都督周长等前往勘察，具体负责会通河疏浚事宜。宋礼等人先后率领30万人疏浚会通河，后会通河虽得已开通，但因河道水源不足，运河仍不能通航。宋礼开始微服私访，在民间遍寻"诸葛再世"，结识了平民白英，人称"白英老人"，也就是负责养护水利设施的基层管理人员。白英根据自己多年的经验，提出建议，这就是为后人称颂的84字"白英策"："南旺者，南北之水脊也，自左而南，距济宁九十里，合沂、泗以济；自右而北，距临清三百余里，无他水，独赖汶水。筑堨城及戴村坝，遏汶水使西，尽出南旺，分流三分往南，接济徐、吕；七分往北，以达临清。南北置闸三十八处。"宋礼听后，欣然采纳，并邀请白英共同实施这一工程。这就是南旺分水枢纽。

从工程组成来看，整个工程包括戴村坝、小汶河、南旺分水口、河道节制闸和南旺水柜等5个部分，它们相互关联，相辅相成，分别具有引水、蓄水、防洪防泄和拦水的作用，其中，水柜是中国古代调节运河供水的蓄水塘泊。水柜一词始见于北宋元丰二年（1079年），当时修清汴工程，在引水渠南修建36处陂塘，在平日蓄水，当汴渠水量不足时供给汴渠水量，称为水柜。明初整修京杭运河，在水源最困难的山东会通河段，利用沿岸的南旺湖、马踏湖、蜀山湖、马场湖、安山湖等作

▲ 京杭运河山东段的水柜位置示意图

为水柜，成为保障航运的有效措施。明末清初，独山湖、南阳湖、昭阳湖、微山湖形成一个规模宏大的济运水柜群，联合运用。这些水柜的维修管理、启闭蓄放都有严格的制度。

下面对此工程分别进行简述。

戴村坝是整个工程的主体，有"中国古代第一坝""大运河之心"之称。它位于今山东省东平县戴村东北两公里处的汶河坎河口，主要作用是抬高大汶河水位，分流部分河水至小汶河，供水济运。

119

▲ 东平县著名风景之一——
　"戴坝虎啸"

▲ 今日戴村坝

戴村坝始建于明永乐九年（1411 年），至今已有近 600 年的历史。修建初期为土坝，长五里十二步，约合今 2890 米。当时考虑坎河入口的河床较高，决定在此不筑坝，而是作为溢洪道排泄洪水。在船只通行时，用刮沙板作为临时拦河坝，防止河水外漏。戴村坝修建后，历朝均有整修，清末基本建成现在的规模。目前，戴村坝由戴村石坝、窦公堤、灰土坝三部分组成，全长 1600 米。石坝由南至北又分滚水坝、乱石坝、玲珑坝三段，宛如卧波巨龙，在丰水期，只见白浪翻滚，飞流直下，声若虎啸，东平县著名风景之一的"戴坝虎啸"便由此得名。现如今，戴村坝为全国重点文物保护单位，也是国家水情教育基地。

小汶河是汶河下游的一个岔流，分流口在现在汶上县的四汶集村。这条河在《水经注》中曾有记载，后唐以来逐渐淤塞。宋礼、白英疏浚会通河时，充分利用这些古河道，将其连通，并引水至南旺南北分流，名为小汶河，长约 70 千米。修建初期，小汶河入口处无闸控制，进水量多少不一，每年汛期洪水暴涨，挟带大量泥沙，使河床淤高，堤岸决口，造成河槽弯弯曲曲，宽窄不一。明万历年间修筑了何家坝，清代又多次维修加固。现为全国重点文物保护单位。

南旺分水口又称南旺分水石拨、石驳。宋礼、白英在修建戴村土坝和小汶河的同时，又在小汶河与运河合流处的南岸（合流段运河为东西走向），修建了一道长约 220 米的石砌堤岸，堤岸前迎着汶河来水的急流，砌起一个鱼嘴形的"石驳"。这个石驳，不仅可减缓急流的冲击力，更主要的是用它来控制南北运河分流的水量。

2008年在修复南旺枢纽古建筑物群时，还发现这段运河中密布木桩，桩间塞满黏土，这是当时为了保护河床免遭冲刷而采取的护底措施。同时还发现在分水口两侧的运河堤岸有许多砖护坡岸，这是稳定河槽和控制分水流量的工程设施。当汶水抵达分水口时，急流首冲石坡，浪花翻卷，涛声震天，形成"清汶滔滔来大东，济运分流惠莫穷"的壮观场面。

▲ 南旺分水口处的运河石驳岸

南旺分水口修建初期，并未建闸控制分水流量，其南北河道流量的多少主要是靠河道断面大小，特别是比降大小来决定。另外，汶河水量一年四季大小不同，也影响分水的流量。明成化以后，有"三分南流、七分北流"的说法，后修建了节水闸控制南北水量。清代曾做过一次实验，结果是南六北四，是故也有文献说"三分朝天子，七分下江南"。此外，南旺分水口在实际运用中，河道挑浚后的泥沙堆积于此，对通航也有影响，因此每年也需要疏浚，当时凡大挑，需征夫上万，费银上千两，夫役饱受苦难。时人有诗曰："浅水没足泥没骭，五更疾作至夜半。夜半西风天欲霜，十人八九指欲断。"又或言："天寒日短动欲夕，倾筐百返不盈尺。堤旁湿草炊无烟，水面浮冰割人膝。"采取的措施，除岁修疏浚外，也利用临河洼地澄清，有一定效果。今天的南旺分水口已成为平地，只有几段砖堤，以及旁边已经破旧的龙王庙，似乎在提示着人们，这里曾经是运河治

121

▲ 南旺分水闸遗址

▲ 南旺分水闸闸槽遗址

▲ 济宁汶上县南旺水利枢纽
柳林闸遗址

理中的难中之难。

南旺水柜用来调节运河来水的丰枯，主要是利用了附近的南旺湖，将其辟为"水柜"，用于控制运河水量。该水柜在实际建设中又派生为三个小湖，小汶河穿南旺东湖而过，又将南旺东湖一分为二，以北称马踏湖，以南称蜀山湖；运河西岸的南旺西湖则独享南旺湖之名。实际运用中，还在运河两岸设置斗门，即减水闸，当运河水大时开启斗门，使河水进入水柜中；当河水不足时，则放水柜之水用来补充，酌盈剂虚，各得其宜。目前，南旺水柜已干涸，部分区段仍残留有湖堤遗迹。

宋礼、白英在重开会通河时，并没有修建河道控制工程。一直到明成化十七年（1481年）杨恭始建南北闸，才用来节制南北分流的水量。南闸叫柳林闸，在分水口南面5里；北闸叫十里闸，在分水口北面5里。两闸协同工作，按照南北两侧的水利条件实施相应的开启操作，确保运河用水，实现定向定量控制。实际运用中，当时十分重视水量的节约使用，除了采取相邻的上下闸门联合使用，上启下闭、下启上闭，以及规定过闸时河道相应的最低水深外，还规定开闸一次最少的过船数量，如有200只船方可启板。另外，在枯水季节还采取不同闸坝配合使用的方法。清代，还建了寺前铺闸，重修了开河闸，对控制南北运河水量起辅助作用。

南旺分水枢纽从永乐九年（1411年）开工，至永乐十七年（1419年）竣工，通过闸、坝、堰、堤等水工建筑物的运用，抓住"引、蓄、分、排"四个环节，成功解决了会通河水源不足和水位差过大的问题，是整个大运河上最具科技含量的工程。其以筑坝提升自然河流水位的方式，为运河行船提供了持续有效的引水，这是在严酷的自然条件下，科学设计和系统管理的规模宏大、高效节约的运河水源工程，比法国米迪运河上的黑山水源工程早200多年。南旺分水枢纽建成后，京杭运河这条国家黄金水道平稳运行近500年，为明清社会经济发展做出了巨大的贡献。17世纪，英国使团造访大清时曾经这样评价南旺分水枢纽："当时运河的设计者站在这块地势很高的地方，运用匠心设计出来这条贯穿南北交通的巨大工程。"

宋礼、白英在修建南旺分水枢纽方面的独创业绩，受到后人的高度评价和赞扬。万历年间的工部主事胡缵曾在其《白英老人祠记》中赞颂白英曰："天下无二老，泉河第一功。"今人更是誉其两人为"运河脊梁"。

▲ 雕塑：宋礼、白英等人指挥修建南旺水利工程

明清两代，陆续在南旺修建了以分水龙王庙为代表的壮观的建筑群，包括龙王庙大殿、牌坊、戏楼、禹王庙、水明楼、宋礼尚书祠、白英大王祠、观音阁、莫公祠、文公祠、蚂蚱庙及和尚禅室等。清康熙皇帝下江南时，途经南旺分水处，对这一工程给予了高度评价："白英积数十年精思，确有所见，定为此议。宋礼从之，因势均导，南得七分，北得三分，增修水闸，以时启闭，漕运遂通。此何等胆识，后人实所不及，亦不能得水平如此之准也。"并褒奖说："朕屡次南巡经过汶上县分水口，观

▲ 南旺水利枢纽分水龙王庙古建筑群遗址

遏汶分流处，深服白英相度开浚之妙。"清乾隆皇帝南巡时，在南旺分水处也留下了赞美的诗篇："清汶滔滔来大东，自然水脊脉潜洪。横川僻注势非近，济运分流惠莫穷。"

民国初年，美国水利专家方维看到南旺分水枢纽后曾无比敬佩地说："此种工作当十四五世纪工程学的胚胎时代，必视为绝大事业，彼古人之综其事，主其谋，而遂如许完善之结果者，令我后人见之，焉得不敬而且崇也。"

中国水利史泰斗姚汉源教授曾经考察南旺分水枢纽，他说："数年前曾一游南旺分水口，这个闸河的关键枢纽，曾经热闹过 500 年，千万只漕船、商旅船天天由此经过，从南至北，从北到南，过这里都由逆水行舟变为顺水而下。"

2014 年，南旺枢纽河段和小汶河河段，以及柳林闸、十里闸、寺前铺闸等，一起作为大运河遗产点列入世界遗产名录。

遗憾的是，南旺分水枢纽竣工当年，白英随宋礼进京复命，但因劳累过度，行至德州时不幸呕血去世。3 年后的永乐二十年（1422 年），宋礼亦病入膏肓，一梦不醒。宋礼一生清廉，去世后家人居然连买口好棺材的钱也不能凑齐，还遭到政敌告他藏富欺君。明成祖将信将疑，下谕旨调查，结论出来之前，不得入葬。调查三年，仍无定论。直至明仁宗洪熙元年（1425 年），明成祖驾崩，明仁宗登基，宋礼方魂归故里，葬于今河南洛宁县东宋乡马村附近的锦阳山上。两位为运河事业鞠躬尽瘁，尽管身后命运几多辛酸，但也遮掩不了他们生前无限的荣光。为加强遗址保护，充分发挥其文化、教育、旅游功能，2010年10月，南旺枢纽考古遗址公园被批准为第一批国家考古遗址公园。力图通过多媒体、三维动画等高科技手段，再现古运河繁荣景象，将南旺分水枢纽辉煌的历史和文化展现在世人面前。

▲ 南旺国家考古遗址公园

◎ 第四节 走近"中国水工历史博物馆"

京杭运河众多的遗产中，有一处被称誉为"中国水工历史博物馆"的遗产。其遗产区面积只有49千米^2，却分布有53处各种类型的文化遗产，包括多处河道、水工设施、相关古建筑群或遗迹等。这处遗产，就是清口水利枢纽，位于今江苏淮安市西侧的码头、杨庄一带。历史上，这一枢纽从明万历六年（1578年）直至清咸丰五年（1855年）黄河北徙前，一直是大运河沿线工程设施最多、遗产分布最广、国家投入最大的综合性水利枢纽，具有蓄清、刷黄、济运、保航的作用。中央电视台第四套中文国际频道《国宝档案》节目曾有一期主题为"大运河传奇——运河上的大工程"，讲述的就是这一工程，清朝康熙、乾隆皇帝南巡，曾多次亲临现场坐镇指挥工程建设。中国大运河申遗文本这样评述："淮安清口枢纽体现了人类农业文明时期东方水利水运工程技术的最高水平，其整体性尤为突出，河道、闸坝、

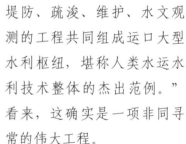

▲ 明初清口形势示意图

堤防、疏浚、维护、水文观测的工程共同组成运口大型水利枢纽，堪称人类水运水利技术整体的杰出范例。"看来，这确实是一项非同寻常的伟大工程。

先来看看它的字面含义。"清口"，古代又叫泗口，是古淮水与古泗水交汇的地方，自古以来清口就是沟通南北的水上要津。12世纪黄河夺淮后，因黄河借泗水入淮，淮清而黄浊，"清口"的含义发生变化，转而指淮口。明万历以后，黄河、淮河、运河交汇于洪泽湖入黄河口门，这时的清口，专指洪泽湖（淮河）入黄河的口门，有时也指运河口或泛指黄、淮、运交叉河口区域。所谓枢纽，比喻重要的地点或事物的关键之处。明清时期，如何处理好清口地区黄、淮、运三者的关系，解决黄河泥沙淤积，保证淮河通畅、漕运安全，堪称是世界级的难题。明清两代中央政府不惜投入巨大的财力、物力和人力，兴建了大量水利工程，对其进行不断地维护治理，保证了大运河漕运的持续畅通。

明代以前，清口一带已修建有一些水利工程，如高家堰、南运口等，但其基本格局却是在明万历六年至八年（1578—1580年）潘季驯第三次出任总理河道期间奠定的，潘季驯堪称清口枢纽的奠基人。

潘季驯（1521—1595年），字时良，号印川，湖州府乌程县（今浙江湖州吴兴区）人。明朝中期

▲ 潘季驯像

126

大臣，曾先后 4 次出任总理河道都御史，主持治理黄河和运河，前后持续 27 年，为明代治河诸臣在官最长者。他在全面总结中国历史上治河实践的基础上，提出"束水攻沙"理论并付诸实施，深刻地影响了后代的治黄思想和实践，为中国古代的治河事业做出了重大贡献。后官至太子太保、工部尚书兼右都御史。主要代表作《河防一览》，是 16 世纪中国河工水平的重要代表著作。

所谓清口枢纽，主要指明万历六年（1578 年）以后在清口一带修建的一系列水利工程的统称。这些工程的目的主要是防止黄河泥沙进入运河、利用淮河清水弥补运河与黄河之间的水位差，以及抬高洪泽湖以湖水冲刷黄河河床，从而减少淤积泥沙等。

明万历六年（1578 年），潘季驯第三次出任总理河道都御史。针对当时黄、淮、运在清口一带交

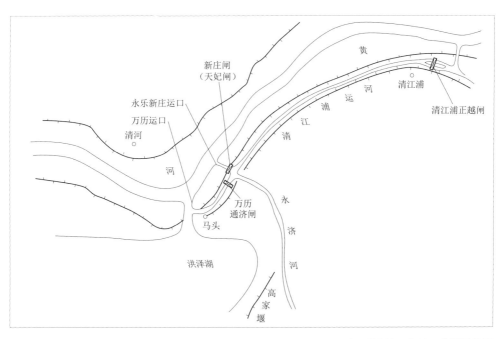

▲ 明代清口与运口位置形势图

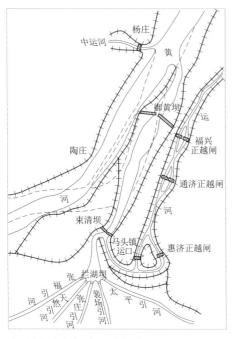

▲ 清乾隆年间清口形势图

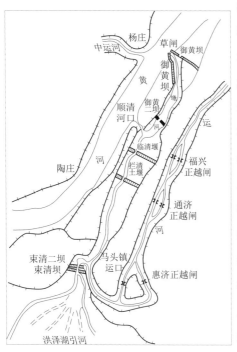

▲ 清嘉庆年间清口形势图

汇的复杂形势，潘季驯对其进行了总体规划，基本思路为"通漕于河，则治河即以治漕；会河于淮，则治淮即以治河；会河淮而同入海，则治河淮即以治海"，强调将黄、淮、运作为一个整体对待。其核心思想是"束水攻沙"和"蓄清刷黄"，根本目标则是"保漕"。为此，他修建了一系列防洪、挡沙和引水工程，初步形成清口枢纽的格局。

清代，由于受黄河泥沙的影响，河床不断抬高，清口枢纽也不断调整、改造相关工程措施，采取导引淮河、防御黄河决口等多项综合措施，保障淮水的顺利流出，进行刷黄济运。其中，引淮措施主要包括不断加高洪泽湖大堤以蓄积淮河河水；开引河引洪泽湖水进入黄河刷黄，并进入淮扬运河济运；建设转水墩、束清坝以调控洪泽湖的水位冲刷河床，并使湖水三分济运、七分刷黄。御黄措施主要包括开凿中河将北运口南移至清口附近的杨庄，缩短借黄行运的距离；南移南运口，以南运口为核心建控制闸坝以减轻黄河水倒灌；在清口附近陆续修建堤防系统以固定黄河主河道；建设御黄坝防止黄河泛滥入洪泽湖。这样，随着运口的不断南移，18 世纪形成了 U 形的枢纽工程形势，南来北往的船只汇聚于此，十分繁忙。

由于黄河泥沙的淤积速度远远快于

清口引河的冲淤量，到19世纪初，蓄清刷黄的措施基本失效，清口由于不断淤积，地势相对较高，造成淮河河水难以冲出清口入海或入江。同时，黄河常从清口倒灌进入地势较低的运河，造成运河泥沙淤积严重。因此，清口枢纽逐步将原先采用的"蓄清刷黄"方略，改为"灌塘济运"的方式通航。在临清堰和御黄坝之间形成一条可容1000多艘船的塘河，用水车抽清水入塘，塘内水位高于黄河时便开坝放船入黄河。至此，黄河与淮扬运河实质上已被截断。清咸丰五年（1855年）黄河向北改道后，清口水利枢纽也失去了调整黄河、淮河与运河关系和保障运河航运的作用。

20世纪后半叶以来，在原清口枢纽范围内陆续新建了淮阴船闸、淮沭新河、二河等水利工程设施，替代了原有清口水利枢纽的作用。今日来看，清口枢纽遗产按照各个河道设施的功能，大致可分为四个部分：御黄部分、引淮部分、淮扬运河部分和中运河部分。

第一部分是御黄部分。其最重要的工程就是由多个堤坝组成的黄河堤防体系，主要作用是收窄河槽，加大流速以提高挟沙能力，以及防洪防汛。至今多数遗迹地面格局依旧可见。潘季驯认为，实现"束水攻沙"的关键是筑堤。所谓束水攻沙，就是收紧河道，利用水的冲力，冲击河床底部泥沙，从而达到清淤防洪目的的方法。一般适用于流量不足，而泥沙含量较大的河流，如黄河。最早由汉代张戎提出，明代万历时，四任总理河道潘季驯从理论和技术上予以完善，提出了黄河上以堤治沙、以堤固滩、以堤防洪的堤防工程体系，对现代黄河堤防工程有深远的影响。

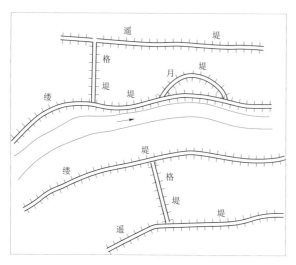

▲ 遥、缕、格、月系统堤防示意图

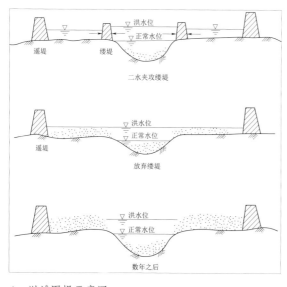

▲ 淤滩固堤示意图

为此，他设计了一套以遥堤为骨干，以束水攻沙为目的，遥、缕、格、月诸堤以及减水闸、滚水坝、涵洞等工程配合使用的堤防系统。其中，距离黄河主河槽较近的临水大堤称为缕堤，用以将黄河约束在主河槽内；遥堤是建在远离河槽二三里的河漫滩上，用以在汛期容纳漫出缕堤的洪水；其他堤坝则用于辅助性防护加固，并于明万历七年（1579年）在黄河两岸完成徐州至淮安长达600里的遥堤。自此，黄河被固定于徐州至淮安一线。此后，随着对黄河挟沙能力的进一步认知，又改加固遥堤为"淤滩固堤"，即使黄河洪水所携黄沙沉积在缕堤与遥堤之间，最终仍靠泥沙淤积而形成黄河河槽，此即"束水归槽"的规划思想的成果，清代得以延续。束水归槽是在宽浅河段或河口，通过修建整治建筑物，束窄河槽，引导水流冲刷浅滩鞍槽的一种工程措施。中国自西汉以来即提倡这一治河原则。经过长期的生产实践，这一治河原则行之有效，沿用至今。世界水利水运工程发达国家的治河实践，也证明了束水归槽这一治河原则的科学性。清口枢纽黄河堤防体系的规划思想，反映了16—17世纪中国人对泥沙动力学理论的掌握和用于治河工程的实践，代表了中国古代高超的科技成就。

其中，顺黄坝是黄河南侧缕堤的关键工程，位于江苏省淮安市淮阴区码头镇御坝村境内，以北紧贴今黄河故道。历史上，顺黄坝时堵时闭、反复无常。据史料记载，由于黄河经常泛滥，此处经常决口，是牵动帝王、河臣精力最多的地方之一。为抵挡黄河的洪水，顺黄坝经不断堆筑，逐年延长和加高。顺黄坝土堤底部宽约72米，另有8～10米的碎石护坡，至今仍巍然壮观。2009年和2012年，考古人员两次对顺黄坝遗址进行了考古发掘，先后清理出清代埽工、石工、碎石护坡及木桩等一批重要遗迹，并出土了万余枚古代钱币。埽工是中国特有的一种在护岸、堵口、截流、筑坝等工程中常用的水工建筑物，具有因地制宜、取材方便、适应河流特性的特点。用梢芟分层匀铺，压以土及碎石，推卷而成埽捆或埽个，简称埽。小埽又称埽由或由。若干个埽捆累积连接起来，修筑成护岸等工程即称为埽工。我国在先秦时期已有类似埽的建筑，宋代黄河上已普遍使用。北宋中期，黄河自孟津以下两岸建有大规模埽工四五十处，卷埽技术已十分成熟。

▲ 顺黄坝考古发掘现场出土的卷埽工程遗迹

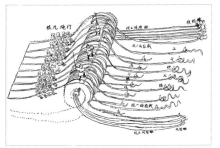

▲ 卷埽施工示意图

第二部分是引淮部分。其最重要的工程是洪泽湖大堤。洪泽湖大堤又称高家堰、洪泽湖古堰、捍淮堰等，是位于洪泽湖东岸长达70多千米的防洪蓄水的巨大土方工程，是形成洪泽湖水库的主体工程，也是"蓄清刷黄"的关键。它始建于东汉建安五年

（200年），12世纪黄河南侵入淮，使淮河泄流日趋不畅，遂在清口上游的洪泽凹陷区漏积，水面逐渐扩大，形成洪泽湖。明、清两代，为配合清口枢纽"蓄清刷黄、束水攻沙"的治黄方针，解决黄、淮、运交汇处泥沙淤积以及汛期防洪等问题，在洪泽湖的东侧，大体以历代修筑的塘垣为基础，加筑土坝石堤，抬高洪泽湖水位，使之高于黄河水位，以蓄积导引淮河来水，冲刷黄河运口河床。

明万历初年，随着淮河下游河床的不断淤高，淮水下泄困难，高家堰连年冲决，里下河地区频罹水灾，运道屡屡淤塞断航。明万历六年（1578年）潘季驯第三次出任总理河道都御史后，加高加固洪泽湖大堤，将大堤延长至60多里，高一丈二三尺（约4米），将天然的洪泽湖群基本建成巨大的人工湖（水库）。越城以南有意识地不做堤防，作为"天然减水坝"，即水库的非常溢洪道。一方面保护明祖陵、泗州城不受淹，一方面保护高家堰安全。此外，潘季驯又用4年的时间在高家堰的中段修筑石墙防浪工程等。由此，淮河向东溃决的出路被堵闭。同时，潘季驯在北部的王简、张福两个出口处筑堤，切断了淮水北泄的通路。淮水被拦蓄在洪泽湖中，仅能从清口下泄，遇清口淤塞或汛期湖水宣泄不及，就会出现"淮日益不得出，而潴蓄日益深"的局面，洪泽湖日益扩大。

清代延续明代的治水方略。康熙十六年（1677

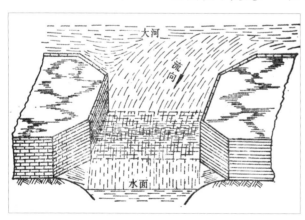

▲ 减水坝作用示意图

年），靳辅出任河道总督后，将洪泽湖大堤从周桥延伸到蒋坝，并逐步扩建护坡，以抵御风浪冲击，同时建造数座减水坝取代"天然减水坝"，洪泽湖大堤最终形成，长达 100 余里。此后，洪泽湖大堤不断加高加固，康熙、雍正和乾隆都曾一次性拨银 100 余万两，用于大堤的加固。至清咸丰五年（1855 年）黄河北徙时，洪泽湖大堤北起武家墩，南至蒋坝，蜿蜒 130 余里，可谓"长虹万丈，屹立如山"。

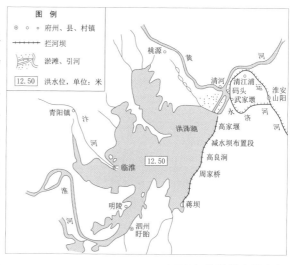

▲ 1680 年洪泽湖大堤及水库平面示意图

　　洪泽湖大堤初为土堤，后改做砖堤、石堤。石堤自明万历八年（1580 年）始建，至清乾隆四十六年（1781 年）完成，前后历时 200 余年。由于洪泽湖水库的淤积和治理的需要，洪泽湖大堤及其石工墙不断加

▲ 洪泽湖大堤镇水铁牛

高、延长，清代石工墙厚 0.8 ~ 1.2 米，高 7 米左右，长度曾达 60.1 千米。至今仍是淮河防洪工程的重要组成部分。演变至今，洪泽湖大堤全长 70.4 千米，大堤主堤保存完好，呈现的古代石工墙基本完好。此外，为伏汛泄洪，洪泽湖大堤上还建有各种减水坝，著名的如仁、义、礼、智、信五坝。其中，信坝又称头坝，目前还保留有较为完整的平面格局与规模。

第三部分是淮扬运河部分。15世纪之后，随着南运口的不断迁移，为防止黄河泛滥，在淮扬运河两岸兴建了多处闸坝，其中以码头三闸和天妃坝最为著名。

码头三闸即惠济闸、通济闸、福兴闸，俗名头闸、二闸、三闸，又称惠济三闸，是清口枢纽的漕运锁钥。三闸均包括正闸、越闸，结构型式基本相同，均为单孔，宽7米有余，闸高10米以上。漕船沿运河北上必须经过三闸，过闸犹如登上三级阶梯，完全靠人力拉纤，把漕船拉到水位齐平清口（即淮河口）的运口（运河之口），然后才能由高向低从运河进入淮河，再进入黄河或中运河北去。当时运河上流传这样一句话："上有广源闸（北京），下有天妃闸（即惠济闸）。"惠济闸地处黄、淮、运河交汇处的咽喉，艰阻异常，清康熙、乾隆各有6次南巡，每次都经过这里，数次驻跸于此。明代，惠济闸旁建有惠济庙，又称天妃庙。清乾隆皇帝曾题字，立有惠济祠碑，至今仍存。相传，船过码头三闸，一般下水3天，上水7天，由于从运口入清口水位落差大，甚为危险，驾长（舵手）、水手过闸，都去闸旁天妃庙烧香祷告，祈求天妃娘娘保佑。清咸丰五年（1855年）黄河改道北流后，三闸逐渐废弃。如今，码头三闸已随着历史烟消云散，三闸遗址现位于码头镇政府以东500米。

▲ 康熙四十二年（1703年）所绘惠济庙段运河示意图（上南下北）

▲ 码头三闸遗址碑

天妃坝位于淮安市码头镇二闸村惠济祠遗址旁边，始建于明万历七年（1579 年），是为淮扬运河入黄、淮交汇处抵御激流冲击的保护性堤防设施，也是淮扬运河堤防体系的重要组成部分。2008 年和 2011 年，考古人员对天妃坝遗址进行了两次考古发掘，共挖掘出 3 处堤坝遗址，包含两段不同时代的砖工与石工。

▲ 明清时期的天妃坝坝体

其中砖工为明代所建，石工为清代所建。明代砖工位于东侧，整体呈中间向外（向西）凸出，两边分别向东北和东南延伸并弯曲的弧形。清代石工位于西侧，整体呈弯曲状，坝体为砖石混合结构，最上面是一层条石，下面共 7 层砖，砖下又是条石，共三层。条石与砖、砖与砖之间都用三合土黏合，条石表面有的留有铁钳加工后的数道"斜痕"，个别的四周边缘打磨光滑。靠近南侧两块条石的边缘，有一个完整的束腰形凹槽，里面镶嵌铁水形成的"锔扣"，从而使条石连接得更加牢固。部分砖上还模印"钦工"等 4 种铭文，说明当时这里是一处险段，为皇帝亲自监督的工程。

第四部分是中运河部分。中运河是 17 世纪中叶为减少清口以北借黄行运带来的危险，在黄河故道平行的东侧开凿的一条运道，南入黄河接淮扬运河，北接泇河。中运河开通后，黄、运完全分立。中运河在清口一带的著名工程是双金闸。

双金闸是双金门大闸简称，位于淮安市淮阴区马头镇双闸村，始建于清康熙二十四年（1685 年），是为了解决汛期黄河水量较大向运河倒灌的问题而修建的。每孔宽为一丈八尺，双门总宽三丈六尺。汛期时，双金闸起到减水闸的作用，向盐河分流黄

▲ 双金闸

河河水，降低清口枢纽的黄河水位。后改为中运河的控制水位闸，历经多次改建迁移。1957年，随着淮沭新河的开挖，双金闸逐渐废弃。现双金闸保存状况良好。

总之，明、清两代清口一带修建的水利工程，其中心区域大体呈面状分布，稍远呈带状，最远处则为点状。从水工建筑物的名称来看，有坝、堰、堤、闸、木龙、桥、涵、引河、纤道等；从堤堰功能命名来看，有长堤、缕堤、遥堤、子堤、格堤、撑堤、戗堤、坦坡、刺水堤、分水墩等；从工程技术的名称来看，有石工、土工、桩工、板（版）工、砖石工、笆工、草工、埽工等，不一而足。这里的堤、坝、闸、墩、运道、运口等，不仅种类齐全，形态各异，而且功能齐备，具有很高的技术含量和科学价值。可以说，运河沿线很多地方的文化遗产在清口总能找到类似之处，更多的遭破坏的、失传的遗产在清口也能寻出其踪影。

中国大运河申遗文本有这样一段评述："针对黄河夺淮改变了淮河水系的状况，清口枢纽集成了与水动力学、水静力学、土力学、水文学、机械等相关的经验型成果，建筑了水流制导、调节、分水、平水、水文观测、防洪排涝等大型工程，成为枢纽工程组群，完整体现了明代著名水利工程专家潘季驯'筑堤束水、以水攻沙、蓄清刷黄、济运保漕'的工程意图，是人类伟大创造精神的成果。"不仅如此，清口枢纽还集中反映了我国古代的治水思想，尤以"束水攻沙、蓄清刷黄"的思想为世人所熟知。长期致力于历史地理研究的北京大学李孝聪教授谈清口枢纽时，说道："中国治河工程史上成就最大的时代莫过于明清之际，工程最复杂的地段莫过于黄河、淮河与运河相交汇的清口，能够彪炳于中国治河水利史上的潘季驯、靳辅、高斌等河臣，其治河业绩也全都飘洒在淮安大地上。这里曾经孕育了中国古代治河技术的思想，这里曾经集中了众多显示身手的历代河臣，这里曾经留下了各种治河工程的遗迹。因此，今天的淮安市堪称中国治河、水运工程技术思想与实践之渊薮。"由此看来，清口枢纽冠以"中国水工历史博物馆"的荣耀，的确实至名归！

◎ 第五节　黄河和运河的恩怨

人们常说黄河是中华民族的母亲河，大运河是中华民族的大动脉。历史上，东西走向的黄河与南北流向的大运河多次发生交汇或连通，关系十分密切，也确实是中华民族的福祉。但同时，黄河也是一条多灾多难的河流，历史上三年两决口，经常泛滥成灾，对运河形成巨大威胁。是故明代曾任山东布政使的王軏有言："非假黄河之支流，则运道浅涩难行；但冲决过甚，则运道反被淤塞。利运道者，莫大于黄河；害运道者，亦莫大于黄河。"到如今，复旦大学著名历史地理学家邹逸麟也称："纵观历史上的黄运关系，可以说既是亲家，又是冤家。运河离不开黄河，但最终为黄河所毁。"可谓一语道破了玄机。

▲ 明末清初京杭运河避
黄改线示意图

黄河与运河的关系，大体有三种：一是借黄行运，二是引黄济运，三是黄河扰运。运河开通初期，对黄河的依赖较大。随着漕运的发展，运河受黄河的干扰越来越大，特别是明清时期，黄河与运河的矛盾日渐突出。黄河善决善淤善徙，经常冲毁或堵塞运道，给运河带来极大的威胁。而运河又是朝廷之命脉，运之通塞，左右国计之盈缩，因此有"治运必先治黄"之说。元明两代，大运河在徐州与黄河交汇，徐州至淮阴间利用黄河河道行运。这一航路要经过徐州洪、吕梁洪两段险滩。两洪经常因为黄河的决口而使水道淤塞或中断。此外，黄河经常由河南向北泛滥，冲断会通河运道。从明嘉靖初期起，就有人提出改运河路线，实现黄河和运河的分离，直至清康熙中期，靳辅开中运河，才最终实现了运河对黄河的脱离。其中兴建的重要工程有三项，分别为：明代开凿的南阳新河和泇河，以及清代开凿的中运河。

首先开凿的是南阳新河。南阳新河又称夏镇新河、漕运新渠，当时又简称新河或夏镇河，这一新河的开凿可谓一波三折。

明嘉靖五年至六年（1526—1527年），黄河连续两年决口，冲毁会通河道。朝廷对此非常重视，议论治河通运者很多。嘉靖六年（1527年）十月，左都御史胡世宁提出开运道最急，鉴于昭阳湖西侧地势低洼，奏请将运河河道东移避黄，并另开凿新河。这一建议得到总督河道右都御史盛应期的重视。次年正月，盛应期上奏朝廷，请求废弃旧河另开新河。他说：

> 沛县迤北河道，地形庳下，泥沙易集，以故累浚累塞。今询之官民，咸称昭阳湖东，自北进汪家口，南出留城口，约长一百四十余里，可改运河。北引运河之水，东引山下之泉，内设蓄水闸，旁设通水门及减水坝，以时节缩，较之挑浚旧河，劳逸远甚，且可为永久之利，计用夫六万五千人，于山东、南北直隶相近府分征调，仍量行顾募，用银二十万两有奇，取之两淮盐价，而以山东官帑所贮佐之，期六月而毕。

他的这一计划得到朝廷批准。孰料工程开工 4 个月后，在完成近一半之时，遇天气干旱，言者多谓不应再继续开挖新河。盛应期被弹劾革职查办，工程半途而废。此后近 40 年间，再无人敢言改河。此为新河开凿第一折。

新河开凿工程虽然停工了，但黄河却一直没有停工——依然决口、依然泛滥、依然影响漕运。嘉靖四十四年（1565 年）黄河又在沛县决口，淤塞运道百余里。朝廷令工部尚书朱衡兼理河漕事，又以潘季驯为佥都御史总理河道，作为朱衡的助手，共同治理运道。

朱衡实地考察后发现，当时的会通河段虽已淤成平陆，但盛应期所开新河的旧址尚在，而且因为地势较高，黄河洪水到达这儿以后无法继续向东，于是决定继续开挖。但就在这时，潘季驯却提出不同意见，主张修复被淤的会通河旧道。两人争执不下，导致工程迟迟不能开工。后嘉靖皇帝派工科给事中何起鸣前往实地勘察，最后决定既开凿新河，同时也不放弃旧河。此为新河开凿第二折。

嘉靖四十五年（1566 年）正月，新河终于正式开工，征集役夫 9 万余人。工程施工中，朱衡亲临工地，对于不听命令的官员，即刻罢免。这引起工地吏卒对朱衡的不满，反对者欲趁机弹劾朱衡，罪名是"虐民侥功"。幸值嘉靖皇帝病逝，明穆宗忙于即位，无暇顾及，朱衡终逃一命。此为新河开凿第三折。

此后朱衡加快工程进展，至明隆庆元年（1567 年）五月，工程全部完工。新河西距旧河 30 里，长 141 里。同时还疏浚了留城以南至境山、茶城的旧河道，长 53 里，一并归入新河。这条新开的河道，因起自南阳，后来称为"南阳新河"，又因经过夏村（后改名夏镇，今微山县城），又名夏镇新河，全长 194 里。南阳新河的开凿，使会通河河道同黄河完全分开，成功遏制了黄河侵淤的威胁。这是历史上第一次明确通过开新河避黄保漕的成功实践。

新河完工后，总理河道都御史翁大立言称新河有五大优势："新河之成，胜于旧河者，其利有五：地形稍仰，黄水难冲，一也；津泉

▲ 南阳新河示意图

140

安流，无事堤防，二也；旧河陡峻，今皆无之，三也；泉地既虚，黍稷可艺，四也；舟楫利涉，不烦牵挽，五也。"新河开通后，会通河的运输条件大为改善；"大帮粮运由境山进新河，过薛河，至南阳出口，随处河水通满，堤岸坦平，并无阻阻。"

南阳新河开通后，留城以下的运道还是借黄行运，仍然受制于黄河的威胁。隆庆三年（1569年），翁大立提出再开新运道，使运河自夏镇以南避开徐州段黄河，直接通邳州，这就是后来的泇运河。与南阳新河一样，泇运河的开凿同样阻力重重。

翁大立提出开泇运河以后，工部尚书朱衡、总理河道都御史傅希挚都主张开挖新河道，但因以潘季驯为首的反对派坚持认为治运应先治黄，以致屡议屡止，历时24年，迟迟未能开工。直至万历二十年（1592年），潘季驯多次乞休，得到朝廷恩准告老回乡后，才出现转机。

接替潘季驯的总理河道舒应龙支持新河道的开挖。万历二十一年（1593年），黄河在汶上决口，济宁至徐州一带泛滥成灾，洪水聚集在昭阳、微山等湖无从下泄。为宣泄洪水，舒应龙在微山湖以东的韩家庄（今山东枣庄市峄城西南）一带，沿着彭河故道开凿了一条40里长的新河，将彭河与泇运河沟通，以宣泄昭阳、微山诸湖的积水。工程从万历二十二年（1594年）一月开工，五月完工，这就是韩庄新河，后来成为泇运河上游的一段。

万历二十五年（1597年），黄河在单县决口，徐州以下运道几乎断流，航运中断。万历二十八年（1600年），总理河道刘东星受命继续开通泇运河。他循着舒应龙所开韩庄故道，凿良城、侯迁、台庄

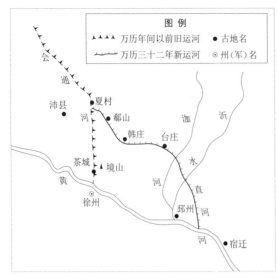

图 例

╋╋╋╋ 万历年间以前旧运河   ● 古地名

———— 万历三十二年新运河   ○ 州（军）名

▲ 泇运河示意图

至万庄河道，在工程完成 3/10 时，刘东星殚精竭虑，病逝在总理河道任上。工程被迫再次停工。

继任者李化龙继续前任未竟的事业，万历三十二年（1604 年），李化龙上奏《请开泇河酌浚故道疏》，再次提出开挖泇运河，得到批准。工程于当年四月开工，自邳州附近的直河口开始，至夏镇附近的李家港止，全长 260 里。工程完工后，当年 2/3 的粮船就通过泇运河北上。泇运河开通后不久，李化龙丁忧离职，继任者曹时聘对泇运河未完工程继续完善，包括拓宽运道、筑堤建闸、置邮设兵等，直到万历三十三年（1605 年）得以全部完成。至此，这项历时 30 余年的工程，在翁大立、傅希挚、舒应龙、刘东星、李化龙、曹时聘六任总理河道的坚持和不懈努力下，终于完工。这条新河上接南阳新河，下从骆马湖旁直插入黄河，使运河在徐州至邳州之间脱离黄河，避开了黄河决口的隐患及徐州、吕梁险段，成为京杭运河中段（鲁南、苏北段）的主航道。清康熙年间河道总督靳辅说："有明一代治河，莫善于泇河之绩。"

泇运河运道完成后，邳县直河口以南至清口 200 多里的运道仍需要借黄行运，仍受制于黄河。终明一朝，纵使其为黄河、运河脱离做了不懈的努力，但最终这一理想尚未实现，明朝就已经灭亡了。历史的年轮滚滚向前，黄河、运河最终脱离的历史重任落在了清代河道总督靳辅身上。

小贴士

靳辅

靳辅（1633—1692 年），字紫垣，辽阳州（今辽宁辽阳）人，谥号文襄。自清康熙十六年至二十六年（1677—1687 年），曾连续十年任河道总督，主持黄、淮、运的治理，是清代杰出的治河专家。著有《治河方略》一书，为后世重要的治河文献，《清史稿》有传。

　　清康熙十五年（1676 年），黄河、淮河同时涨水，黄河倒灌洪泽湖，冲决高家堰大堤 34 处，清口以下河道被淤，漕运严重受阻。在这一严峻局势下，靳辅于次年(1677 年)受命出任河道总督，负责黄河、淮河、运河的治理。

　　靳辅上任伊始，与其幕僚陈潢一起，首先对黄河、淮河及决口地点、灾区进行了实地考察，提出了黄河、淮河、运河综合治理的方针。针对㴂河尾间运口经常淤塞的问题，康熙十九年（1680 年），靳辅在骆马湖东开挖了一条新河，即皂河。皂河上接㴂河，下入黄河，长约 40 里。次年（1681 年），皂河口发生淤积，靳辅又自皂河向东开新河，至张家庄入黄河，长 20 余里，该处运口称张庄运口。张庄运口呈人字形，黄河水与张庄口内的支河水，均为自西向东流，两水相合而不相抵，不存在向支河内倒灌的问题；另外，张庄运口地势较皂河口低，来自㴂河、皂河、支河的水，由高处而下，一路流速逐渐加大，运口不易淤塞。此后，张庄运口成为运河入黄河相对固定的运口。但即使如此，自清口至张庄仍有近 200 里的路程需要借黄行运，运河实际仍未能脱离黄河。

　　康熙二十五年（1686 年），靳辅上奏朝廷，正式提出开凿中河的建议。他在奏疏中说：

　　臣因有开皂河之请，而㴂河之尾间复通。然自清口以达张庄运口，河道尚长二百里，重运溯黄而上，雇觅纤夫，艘不下二三十辈，蚁行蚊负，日不过数里。而每艘费至四五十金，迟者或至两月有奇，方能进口，而漂失沉溺往往不免，盖风涛激驶，固非人力所能胜也。（清·靳辅《治河方略》卷二"中河"）

靳辅开凿新河的心愿是美好的，但与南阳新河、泇河的开凿境遇如出一辙，这一好的建议同样遭到反对。反对者认为开凿中河是扰民累民，甚至上疏弹劾靳辅。幸而康熙皇帝全力支持，这一工程才得以兴建。

这样，靳辅在明代泇河的基础上，自张庄运口起，向东经骆马湖口开挖新河，经桃源（今江苏泗阳）、清河（今属江苏）、山阳（今江苏淮安），至安东（今江苏涟水）入平望河（今涟水县的盐河），以达于海。同时，在清口对岸清河县西的仲家庄，建大石闸一座，使新开河道在此与黄河相通，这样既可以泄山左诸山之水，又可以使运道避黄河之险溜。工程于康熙二十七年（1688年）正月竣工。其中，自张庄运口至仲家庄大石闸的一段，长180里，因位于黄河北岸的遥、缕两堤之间，因此称为中河，又称中运河。而自仲家庄大石闸向东至平望河的一段，主要用以黄河的排洪和食盐运输，历史上称为盐河，不属于运河的范畴。

中河的开通，除在清口一地存在黄运交汇外，运河河道与黄河完全脱离，结束了运河借黄行运的历史，避开了黄河180里的风涛之险，元明时期以来所谓的"河漕"至此不复存在。此外，中河的开通，由于北岸的仲家庄运口与南岸的清江浦入黄口之间，中间仅隔约七里行程的黄河，极大减少了航运事

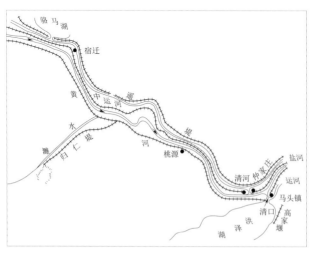

▲ 靳辅开中运河以后的运河

故的发生。正如靳辅所言："连年重运，一出清口，即截黄而北，由仲家庄闸进中河以入皂河，风涛无阻，牵挽有路，又避黄河之险二百里，抵通之期，较历年先一月不止。回空船只，亦无守冻之虞。在国家，岁免漂失漕米之患；在各运，大则无沉溺之危，小则省纤夫之费。"清初诗人王士祯在《靳辅墓志铭》中也是高度评价了中河开通的重要作用："中河既成，杀黄河之势，洒七邑之灾，漕艘扬帆若过枕席，说者谓中河之役，为国家百世之利，功不在宋礼开会通、陈瑄凿清江浦下。"

清代，在今淮安市淮阴区的西引河附近，曾建有一座四公祠，所祀就是清代的四位著名河臣，即靳辅、齐苏勒、嵇曾筠、高斌。祠有对联一副：

上联：本来上界神仙，喜功德在民，辉联俎豆；

下联：同是圣朝臣子，愿灵明佑我，绩奏江湖。

这副对联系清代道光年间曾任江南河道总督的完颜麟庆所作，表达了他对清代四名治河功臣的敬仰。

◎ 第六节 水上漂来的北京城

早年间，北京流传着一句话，说"北京城是漂来的"。乍一听，这座六朝名都、三千年古城，怎么可能是漂来的呢？其实，这是一个形象化的说法，与元明清时期京杭运河的贯通有密切关系。元明清三代建都北京，城市发展和建设需要大量的生活物资和生产材料。得益于大运河的畅通，

▲ 元代积水潭的繁盛景象

江南的各种商品货物，包括粮食、砖石、木料等，源源不断地被运送到北京城，为北京城市建设和生活提供了必要的物质基础。因此，所谓"漂来的北京城"之说，其实是人们对大运河强大的交通运输能力的赞誉，也是这一时期北京城繁盛的象征。

元初，忽必烈抱着统一中国的雄心，将都城从蒙古高原的和林（今蒙古国哈尔和林一带）迁至燕京城（今北京）。由于城中的宫殿在多年战争中早已成为废墟，于是忽必烈决定在旧金中都城的东北郊外选择新址，营建一座新都城。至元十一年（1274年），新都城建成，这就是大都城，蒙古人称其为"汗八里"，也就是"大汗之城"的意思。营建大都城的木材，主要来自西山，但此后的城市建设和发展，都需要大量物资。当时积水潭是大运河漕运的终点码头，面积约100公顷，大约是现在什刹海面积的3倍，潭中漕船首尾相衔，满载着江南的稻米、木材、陶瓷、绸缎等，热闹非凡，盛况空前。为此，元代政府特意制造了8000艘粮运漕船，专门用以运送江南的粮食物资到大都。当时很多诗人都作诗咏颂，如傅若金言"舳舻遮海水，仿佛到方壶"，王晃言"燕山三月风和柔，海子酒船如画楼"，这些都反映了积水潭码头的繁盛状况。由此，积水潭和鼓楼一带成为大都城商旅集聚的繁盛街区，沿着积水潭从东南至西北形成的"斜街市"，是当时元大都商业最繁华的地方。意大利旅行家马可·波罗在游记中赞叹说："大都城里的珍贵货物，比世界上任何一个城市都多。"

积水潭还曾是皇家的洗象池。当时来自暹罗、缅甸的大象，就作为运输工具和宫廷仪仗队使用。在夏伏之日，驯养员就会带领大象到积水潭洗浴。

明成祖迁都北京后，为彰显皇家威严，从1406—1420年的15年间，在元大都城的基础上，对整个北京城进行了重新营建。全城分三重，内为宫城，即紫禁城，有4城门；中为皇城，有6座城门；外为大城，有9座城门。全城周围40里，规模宏伟，以宫城论，整个宫城占地即达72万米^2，殿宇9000余间，建筑面积达15万米^2。由于工程浩大，北京本地的供给远远不够，大量砖石木料都是由南方经大运河运输而来。例如，上好的木料，来自西南的云贵川湘等深山之中；铺地的金砖，重如金，腻如脂，明如镜，产于江南的苏州；山东临清泥土质地细腻，烧制技术好又临近运河，那里烧制的砖"不碱、不蚀、击之有声，断之无孔"，遂成为建宫殿与城墙所需砖石的重要产地之一；等等。北京现在许多胡同的名字，还都留有与大运河相关的痕迹。南河沿儿、骑河楼、银闸儿等，都是当年运河流经的地方；缎库、留器库、灯笼库等，也都印证了当年漕运而来的绸缎、陶瓷等贡品，曾在此卸船入库。

还有，广渠门外有一处地名叫黄木庄，曾是明代的神木厂，是明代永乐年间营建紫禁城存放木料之处，曾为北京的五镇之首。至清代仍存放大量木材，乾隆皇帝曾下令予以保护，并建碑立亭，刻《神木谣》于碑上。"文化大革命"期间，碑、亭遭毁坏，残存的部分被做成了会议桌。现今，《神木谣》碑已被重新树立起来，供人凭吊。

不仅如此，北京城市建设的很多著名工匠，也

▲ 《神木谣》碑

是通过大运河来到北京的。如蔡信是明初营建北京宫殿和陵墓工程的著名工匠，曾升任"缮工官"，是今江苏武进人；与蔡信同时期来北京的杨青，是一名泥瓦匠，这一名字还是明成祖朱棣给起的，来自今上海金山；陆祥曾参与华表、石柱、石像和长陵"神功圣德碑"等多项工程建设，是今江苏无锡人；与陆祥同时期来北京的蒯祥，有"蒯鲁班"之称，后官至工部侍郎，是今江苏苏州人；等等。

当时通州的张家湾是大运河漕运的重要转运码头。据统计，明代永乐以后，每天经过张家湾附近运河往返的船只在 400 艘以上。

由于从明中期起，北运河浅涩，大部分漕船不能抵达通州城下，只能停泊在张家湾附近，以小船驳运。因此，在张家湾附近慢慢积存了大量的材料，并逐渐形成了各种工厂，如皇木厂、木瓜厂、铜厂、砖厂、花板石厂等。后来，其中的皇木厂、木瓜厂和砖厂又形成了居民聚落，最后发展成村庄。如今通州南部的张家湾镇，就有皇木厂村和砖厂村，这两个村子就是当年存放由大运河运来修建皇城的砖石木料的仓库。清代嘉庆以后，流传有一首船只经过张家湾码头至通州的歌谣，曰：

榆林庄上小屯就，崔家楼上二泗浮。

烧酒巷向张家湾，花板老堆望通州。

歌谣中的榆林庄、小屯、崔家楼、烧酒巷、张家湾，都是村名。花板（石），就是明代在张家湾附近存放从南方运来的花板石的堆场旧址，形成的地名称之为"花板（石）"。"老堆"，可能是过了花板石厂不远有货栈（堆坊），因其年代长久，被人称为"老堆坊"。

　　清代，在明代基础上，大规模地开发了北京西北郊的园林风景区，营建了规模空前、华丽非凡的离宫建筑群，即著名的三山五园，包括：畅春园、圆明园、清漪园（颐和园、万寿山）、静明园（玉泉山）、静宜园（香山）等，这一规模巨大、风景秀丽的建筑群，成为与北京城中紫禁城并重的另一个政治中心，被称为清代北京一南一北的"双城"制。其所需的建筑材料，也是通过大运河运送而来的。

　　其实，北京城不仅营建材料是从大运河来，建城后供应北京城军民的粮食，也是通过大运河运过来的。元明清时期，北京城的人口规模大都在80万人左右，光绪八年（1882年）达108万人。维持众多人口所需的粮食，也是通过大运河自江南运输而来。元代通惠河开通后，大都兴建的漕仓有22座，可储粮约329万石，与全年漕粮总额基本一致。明成祖迁都北京后，即建有漕仓37座。至明宣德四年（1429年），随着京师漕运达到顶峰，年调漕粮670余万石，在北京又增建漕仓10座。建于永乐七年（1409年）的大运西仓，占地面积33.25万米^2，有仓廒394座1971间，号称北京最大的仓庾，也是明代全国第一漕仓。清代，北京建有漕仓52处，每年运输新粮上百万石。清代竹枝词有"大通桥上望漕粮"的诗句，大通桥位于北京东便门外，建于明正统三年（1438年），建成后成为大运河漕运的北端终点，遂有此之说。桥头建有中转粮库，漕粮运至此处，再通过驳船运至朝阳门，或者由大车运到京城各处。目前，此处建有大通滨河

▲ 北京东便门外大通桥的运粮船（清绘画）

公园，占地面积9.5公顷，被誉为"进京第一窗"，重现了大通桥昔日的辉煌。

即使到清末，漕运衰落，京师、通州两地仍有漕仓17座。今日仍存遗址的南新仓、北新仓、北门仓、南门仓、东门仓、禄米仓等，都是当年存储漕粮的官仓。其中，位于北京市东四十条的南新仓，现保留古仓廒9座，是全国仅有、北京现存规模最大、现状保存最完好的皇家仓廒。1984年南新仓被公布为北京市文物保护单位，现已建为博物馆。

今日的北京城，主要是在明、清时期的城址基础上发展而来的。而明、清时期北京城的建设和发展，主要得益于大运河强大的交通运输能力。因此可以说，没有大运河，就没有今日的北京城。从这个意义上说，"漂来的北京城"，此言不虚！

▲ 北京南新仓遗址（2020年）

第五章

走向未来之路

——21世纪的大运河

小贴士

南水北调工程

南水北调工程是当今世界上最宏伟的跨流域调水工程，是保障中国经济社会和生态协调可持续发展的特大型基础设施。整个工程分别在长江下游、中游和上游规划三个调水区，形成东线、中线和西线三条调水路线。工程建成后将与长江、黄河、淮河和海河四大江河构成我国"四横三纵"的大水网，对缓解我国北方水资源严重短缺、优化水资源配置、改善生态环境，具有重大战略性意义。

21 世纪以来，对于中国大运河来说，2013—2014 年是两个特别的年份。首先当今世界规模最大的跨流域调水工程——南水北调工程东线、中线工程建设相继取得突破性进展。2013 年 8 月 15 日，南水北调东线一期工程通过全线通水验收。同年 11 月 15 日，东线一期工程正式通水运行。2014 年 9 月 29 日，中线一期工程通过全线通水验收。同年 12 月 12 日，中线一期工程正式通水运行。而这一现代超级工程与中国大运河有着密切渊源关系，东线工程有些河段更是直接在曾经的京杭运河线路遗迹上重新开挖的。其次是 2014 年 6 月 22 日，在卡塔尔首都多哈进行的第 38 届世界遗产大会上，中国大运河项目成功入选世界遗产名录。这是马可·波罗笔下的"帝国运河"的第一项运河遗产。相比于世界其他国家，虽然来得晚了一些，但毕竟在世界遗产的殿堂拥有了一席之地。

◎ 第一节 两大超级工程的跨时代对话

中国历史传承数千年，出现过很多领先世界的伟大工程。从北方绵亘万里的长城到南方造福千年的都江堰，从贯通东部平原的京杭运河到西部荒漠地区的特殊灌溉系统坎儿井，无不展示着中华民族的辛劳与智慧。20 世纪以来，随着现代科技的迅猛发展，中华大地多项领域都涌现出许多伟大工程。三峡工程和南水北调工程无疑是水利领域涌现出的伟大工程代表。有趣的是，古今诸多伟大工程中，有两项工程相遇了，而且还是两项非常突出的工程，这就是古代的京杭运河与当代的南水北调工程。

20世纪50年代，毛泽东主席在视察黄河时提出："南方水多，北方水少，如有可能，借点水来也是可以的。"这是南水北调宏伟构想的首次提出。历经半个世纪的科学研究与论证，2002年12月27日，南水北调工程正式开工，其中的东线工程就是直接利用京杭运河线路作为输水河道。历次南水北调东线规划中，都将发展京杭运河的内河航运作为东线工程的主要任务之一；在济宁以南的调水线路都利用大运河作为调水河道，即借河调水；济宁以北的调水线路也尽量结合大运河或恢复大运河（黄河以北聊城段），航运是借水行舟。中线工程的终点也与京杭运河的水源工程有着密切联系，可谓两大超级工程的一次超越时代的对话。

一、东线工程与京杭运河

南水北调东线工程是利用江苏省已有的江水北

▲ 南水北调东线一期工程起点——江都水利枢纽

调工程，逐步扩大调水规模并延长输水线路。东线工程从长江下游扬州江都抽引长江水，利用京杭运河及与其平行的河道逐级提水北送，并连接起调蓄作用的洪泽湖、骆马湖、南四湖、东平湖。出东平湖后分两路输水：一路向北，在位山附近经隧洞穿过黄河，输水到天津，输水主干线全长1156千米，其中黄河以南646千米，穿黄段17千米，黄河以北493千米；另一路向东，通过胶东地区输水干线经济南输水到烟台、威海，全长701千米。

东线工程输水线路的地形是以黄河为脊背，向南北倾斜。在长江取水点附近的地面高程为3～4米，穿黄工程处约40米，天津附近为2～5米。黄河以南需建13级泵站提水，总扬程约65米；黄河以北可自流到天津。

南水北调东线一期工程输水干线长1467千米，其中利用已有的河道834千米，约占57%；新挖河道633千米，约占43%。其中，长江至东平湖1045.36千米，黄河以北173.49千米，胶东输水干线239.78千米，穿黄河段7.87千米。规划分三期实施。

东线一期工程中长江至东平湖河段，大部分利用原有的京杭运河河道。其中，黄河以南有4段：①从长江到洪泽湖段，可以利用淮扬运河的河道输水。②洪泽湖到骆马湖段，可以利用中运河输水。③骆马湖到南四湖段，可以利用中运河输水至大王庙后，利用韩庄运河和不牢河两路送水至南四湖下级湖。出南四湖利用梁济运河输水至邓楼，接东平湖新湖区内扩挖的柳长河输水至东平湖老湖区、不牢及房亭河输水。④南四湖到东平湖段，扩挖梁济运河、柳长运河输水。黄河以南的京杭运河是自北向南流，而调水却是自南向北提水，为此设置了13级梯级泵站逐级提水，同时保证船闸运行需要的水量。黄河以南的输水河道中90%可以利用现有河道，因此工程施工量减小，节约了工程建造成本。

黄河以北有两段：①从黄河北岸位山到南运河入口段，需扩挖小运河，新开临清至吴桥输水干渠，在吴桥城北入南运河。②利用南运河河道输水到天津九宣闸。黄河以北两段河全部为自流。后为避免卫运河的污染，改为利用七一运河、六五运河扩挖，自流到德州大屯水库。

在东线蓄水工程中，沿线黄河以南有洪泽湖、骆马湖、南四湖、东平湖等湖泊，略加整修加固，总计调节库容达75.7亿米^3，不需新增蓄水工程。黄河以北现有天津市北大港水库可继续使用，天津市团泊洼和河北的千顷洼需扩建，黄河以北5处总调节库容达14.9亿米^3。

东线工程建设同时是京杭运河整治的一次机遇。东线一期工程除对原有的河段进行修缮外，有些河段是在曾经的京杭运河的线路遗迹上重新开挖的，另外还开挖了一些全新的河段。通过对河道的整治，恢复断流区域的通航。南水北调工程使千年古运河重新焕发青春，为大运河的保护和发展创造了条件。

此外，东线一期工程建设所涉及

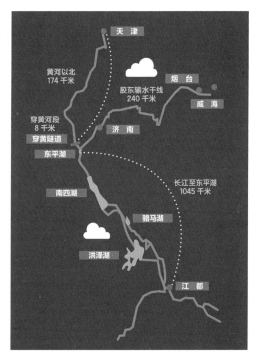

▲ 南水北调东线一期工程线路示意图

范围内共影响到京杭运河文物点70处（其中地下文物点56处、古脊椎与古人类文物点6处、地面文物点8处）。对这部分文物保护的原则是尽量保持原有的风貌，尽量减少对原状的改变。根据不同情况，采取围堤、筑坝、加固、防护等必要的保护措施，尽量使文物在原地、原环境之中继续保存下去；对影响大又不能或不应搬迁的石刻题记以及古建筑等文物遗迹，在原地保护的基础上，原位升高复制、异地复制或局部异地复制，尽最大可能保持工程沿线特有的传统文物景观。

今天，开凿的运河新线路同样承担着水路运输的主要功能，是京杭运河在新时期的发展。全新的"京杭运河"与其他天然河道和湖泊一起，组成了我国东部地区南水北调的大水网和航运的黄金水道。

二、中线工程与京杭运河

南水北调中线一期工程从加坝扩容后的丹江口水库陶岔渠首闸引水，沿线开挖渠道，经唐白河流域西部过长江流域与淮河流域的分水岭方城垭口，沿黄淮海平原西部边缘，在郑州以西李村附近穿过黄河，沿京广铁路西侧北上，可基本自流到北京、天津。输水干线全长1431.9千米，其中，总干渠

▲ 南水北调中线一期工程终点 —— 颐和园内团城湖

1276.4 千米，天津输水干线155.5 千米。规划分两期实施。

南水北调中线一期工程的终点是团城湖调节池，与历史上京杭运河北京段的水源昆明湖也有渊源关系。团城湖位于昆明湖西堤西侧，泛称"西南湖"，因湖心岛上曾有一座城池形建筑得名。目前，团城

▲ 团城湖明渠和配套工程
团城湖调节池

湖是北京城的水源地，属一级水源保护区。20 世纪60 年代京密引水渠建成后，团城湖以密云水库的水作为补给水源，分流到城区。团城湖调节池修建于2012 年，位于北京市海淀区四季青地区玉泉社区，北邻团城湖，且有水道与之相通。

该调节池总占地面积 67 公顷，由进水建筑物、调节池、分水口和管理设施四部分组成。这里是南水北调北京市内配套工程中重要的调蓄枢纽工程，也是长江水进京的终点，其主要作用是分水、调蓄、切换和生态功能。它是南水北调市内配套工程的重要组成部分，也是京城最大的供水枢纽，故有京城"大水缸"之称，对于实现北京市水资源的联合调度，提高供水保证率具有重要意义。

团城湖调节池不仅作用非常重要，而且配套建设的景色也非常漂亮。从地图上看像一只猫头，又像一只蝙蝠。远远望去，一片宽阔的水面，四周环绕着绿地和蜿蜒起伏的"山峦"，与不远处的佛香阁遥相呼应，仿佛在向古老的大运河讲述新时代的故事。

◎ 第二节 世界遗产殿堂的新军

2014 年 6 月 22 日，这是一个需要铭记的日子，在卡塔尔首都多哈进行的第 38 届世界遗产大会宣布，中国大运河项目成功入选世界遗产名录。中国大运河从此步入了世界遗产的殿堂。这是世界上第七项运河遗产项目，更是我国第一项运河遗产项目。"运河帝国"终于在世界遗产殿堂占有了一席之地，千年古运河由此也迎来了一次发展良机。以下就让我们了解一下这位新军走向世界遗产殿堂的漫漫征途与奉献给世界殿堂的厚重"礼物"。

▲ 大会执行主席卡塔尔玛雅萨公主
宣布中国大运河列入世界遗产名录

一、漫漫申遗之路

大运河申遗，彰显的不仅仅是古代先民的勤劳与智慧，也体现了当代人的智慧与想象力，是一种符合可持续发展观的生态化思维。其所经历的申遗历程，倾注了国人几多的心血，凝聚了国人几多的辛劳和汗水。2005 年 12 月，时任国家历史文化名城保护专家委员会副主任郑孝燮、时任国家文物局古建专家组组长罗哲文、浙江省工艺美术大师朱炳仁等三位当时平均年龄达 79 岁的专家联名致信京杭运河沿线 18 个城市市长，呼吁"用创新的思路，加快京杭大运河在申报物质文化和非物质文化两大遗产领域的工作进程"。这一公开信成为大运河申遗所扣动的"扳机"，拉开了大运河保护与申遗的帷幕。这三位专家，后来被赞誉为"运河三老"。此后国家作出了大运河申遗的决定，开始了长达8年的申遗之路。

2006年6月，"京杭大运河"被公布为第六批全国重点文物保护单位，首次在国家层面明确了京杭大运河作为文化遗产的价值和法律地位。同年12月，京杭大运河被列入《中国世界文化遗产预备名单》。

2007年9月，"大运河联合申报世界文化遗产办公室"在江苏扬州挂牌成立，大运河正式进入申报世界遗产程序。

2008年3月，国家文物局在江苏扬州召开大运河保护与申遗第一次工作会议，决定以城市联盟的形式整体联合申报世界文化遗产。

2009年4月，由国务院牵头，成立了由8个省（直辖市）和13个部委联合组成的大运河保护和申遗省部际会商小组，大运河申遗上升为国家行动。

2010年7月，中国大运河保护和申遗工作在江苏扬州召开，部署全面开展《中国大运河遗产保护与管理总体规划》的编制以及大运河申报世界文化遗产预备名单遴选工作。

2011年4月，第四次中国大运河保护和申遗工作会议在江苏扬州召开，会上公布了首批大运河申遗预备名单，包括8个省（直辖市）35个城市的132个遗产点和43段河道，同时确定了大运河申遗时间表，力争2014年列入世界遗产名录。

2012年8月，中华人民共和国文化部令第54

小贴士

世界文化遗产

世界文化遗产是世界遗产中文化保护与传承的最高等级，首次评选工作开始于1972年，由缔约国申报，经世界遗产中心组织权威专家考察、评估后，最后经公约缔约国大会投票通过并列入《世界遗产名录》。我国于1985年成为缔约国之一，截至2019年7月，中国共有55项世界文化和自然遗产列入《世界遗产名录》，其中世界文化遗产37项、世界自然遗产14项、世界文化与自然双重遗产4项。

号公布《大运河遗产保护管理办法》，自 2012 年
10 月 1 日起施行。

2013 年 9 月，联合国教科文组织世界遗产中心
的国际专家正式完成了对中国大运河全线 132 个遗
产点和 43 段河道的现场评估。

至 2014 年 6 月世界遗产大会宣布中国大运河
项目入选世界遗产名录，8 年申遗之路，"运河三老"
之一的罗哲文先生遗憾没能等到这一天，他于 2012
年 5 月在北京仙逝，享年 88 岁。

截至 2020 年，列入世界遗产名录（包括预备
名录）的运河有 9 处，中国有 2 处，除大运河外，
还有位于广西的灵渠（预备名录）。其余 7 处分别为：
法国的米迪运河、比利时的中央运河、加拿大的里
多运河、英国的庞特基西斯特输水道及运河、荷兰
的阿姆斯特丹运河系统，以及位于波兰和白俄罗斯
的奥古斯图夫运河（预备名录）和位于哥伦比亚的
狄克运河（预备名录）。

知识拓展

世界遗产名录中的著名运河

1. 法国米迪运河

法国米迪运河旧称朗格多克运河，1789年更名为米迪运河，位于法国南部。该运河从图卢兹城流至地中海附近的拓湖，全长241千米。1667年路易十四世执政时期开始修建，1681年开通，连接了大西洋和地中海，被誉为17世纪最伟大的工程之一。米迪运河于1996年入选世界遗产名录，是欧洲历史最为悠久且目前仍在通航的运河之一。

▲ 法国米迪运河图卢兹段

2. 比利时中央运河

比利时中央运河修建于19世纪末20世纪初期，全长20.9千米。其中有一段工程在勒罗尔克斯市的蒂厄与拉卢维耶尔市的乌当乔治涅斯之间，虽仅有7千米，但落差高达66米。为解决这一问题，当时设计了四个液压升船机，克服了上游和下游河段的落差，同时允许重达1350吨的船只通过。在三峡大坝升船机建成前，这里曾是世界上最高的升船机。该运河于1998年列入世界遗产名录。

▲ 比利时中央运河上的升船机

3. 加拿大里多运河

加拿大里多运河修建于1832年，全长202千米。"里多"在法语中意为"窗帘"，因该运河上有瀑布似窗帘垂泻而下而得名。该运河最初因军事防御修建，后因取道里多运河远比绕道圣劳伦斯海道更为便捷，因此也作商用。里多运河是北美洲仍在使用的运河中最古老的一条，2007年被列入世界遗产名录。

▲ 加拿大里多运河

4. 英国庞特基西斯特输水道及运河

英国庞特基西斯特输水道及运河位于英国威尔士东北部，全长18千米，是英国最古老、最长的通航运河。修建于1795—1805年，由托马斯·泰尔福德设计，并由其与威廉·杰索普共同负责修建。该运河上修建的18个桥墩以及采用铸铁新技艺修建的拱架，是当时世界上最高的高架水道，也是18世纪土木工程领域的创举之一，为后世工程所效仿。该运河于2009年被列入世界遗产名录。

▲ 英国庞特基西斯特输水道及运河

5. 荷兰阿姆斯特丹运河系统

荷兰阿姆斯特丹运河建于17世纪荷兰"黄金时代"，并围绕城市形成了同心形运河带，主要由三条运河构成，即绅士运河、王子运河和皇帝运河，是荷兰"黄金时代"经济繁荣和文化发展的重要体现。目前，运河带已经成为环城交通的主要方式。该运河系统于2010年被列入世界遗产名录，阿姆斯特丹市也因而赢得"北方威尼斯"的美誉。

▲ 荷兰阿姆斯特丹运河

6. 奥古斯图夫运河

欧洲中部跨越波兰和白俄罗斯的跨国运河——奥古斯图夫运河，连接了维斯瓦河和尼曼河，全长101.2千米。该运河修建于1823—1839年间，建有18道水闸。运河建成后一直是当地重要的内河航道。两次世界大战曾对该运河造成破坏，许多闸坝遭到损毁。1979年，整条运河被列为历史遗迹。现如今，波兰和白俄罗斯两国政府将该运河列为保护区，并已将其列入世界遗产预备名录。

7. 哥伦比亚狄克运河

哥伦比亚狄克运河位于哥伦比亚北部，全长118 千米。该运河由西班牙人于 1582 年修建，但很快便因失修遭到破坏，直到 1650 年才得以重修恢复通航。因年久失修，到 18 世纪末，除丰水期外，该运河已无法通航。1821 年，运河河道完全淤塞。1923—1952 年，曾对其开展疏浚工作，运河状况有所改善。现如今，狄克运河已列入世界遗产预备名录。

小贴士

钞关

钞关是明清朝廷在内河航线上设立的船税征收机构。全国八大钞关中，有七个设在大运河沿线，分别为北京崇文门钞关、天津河西务钞关、临清钞关、淮安钞关、扬州钞关、苏州浒墅钞关和杭州北新钞关。其中，临清运河钞关是目前全国仅存的运河钞关，2014年随大运河申遗成功列为世界文化遗产。

二、中国大运河遗产构成

列入世界遗产名录的中国大运河，是一个大跨度的整体联线型文化遗产项目，由隋唐大运河、京杭大运河和浙东运河三条运河组成，地跨北京、天津、河北、山东、安徽、河南、江苏、浙江8个省（直辖市）的35个城市。其面积约31万千米^2，约占陆地国土面积的3.2%；人口（2008年）占全国的15%，沿线35个城市GDP（2010年）占全国的25%。

依据历史时期的分段和命名习惯，中国大运河总体上分为通惠河段、北运河段、南运河段、会通河段、中河段、淮扬运河段、江南运河段、浙东运河段、卫河（永济渠）段、通济渠（汴河）段，共10个区段。具体的遗产要素包括：河道遗产27段，总长度1011千米；运河水工遗存、运河附属遗存、运河相关遗产等58处，共计85个遗产要素。遗产类型涉及闸、堤、坝、桥、城门、纤道、码头、险工等运河水工遗存，仓窖、衙署、驿站、行宫、会馆、钞关等运河的配套设施和管理设施，还有一部分与运河文化意义密切相关的古建筑、历史文化街区等。

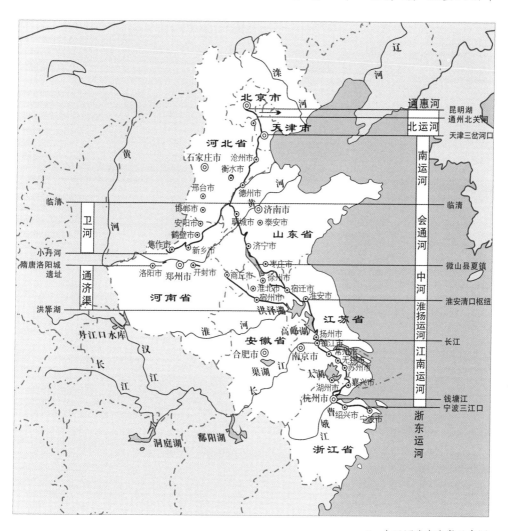

▲ 大运河遗产分段示意图

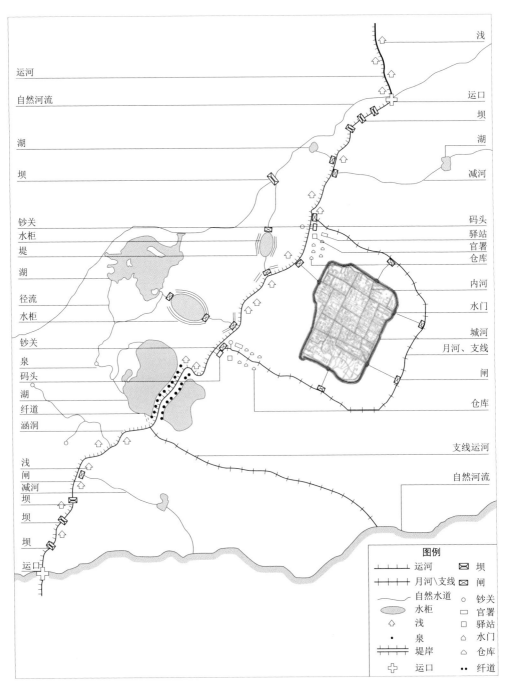

▲ 中国大运河工程体系遗产构成概念图

遗产分段	遗产类型			
	河道或湖泊	水工设施	附属遗存	相关遗产及其他
通惠河段	河道2段：通惠河北京旧城段（玉河故道）、通惠河通州段；湖泊1处：什刹海	闸2处：澄清上闸、澄清中闸		
北运河段	河道1段：北、南运河天津三岔口段			
南运河段	河道1段：南运河沧州-衡水-德州段	坝1处：连镇谢家坝；险工1处：华家口夯土险工		
会通河段	河道5段：会通河临清段、会通河阳谷段、会通河南旺枢纽段、小汶河、会通河微山段	闸及斗门10处：荆门上闸、荆门下闸、阿城上闸、阿城下闸、十里闸、柳林闸、寺前铺闸、利建闸、邢通斗门遗址、徐建口斗门遗址；坝1处：戴村坝；堤防1处：汶上运河砖砌河堤	管理设施1处：临清运河钞关	相关古建筑群1处：南旺分水龙王庙遗址
中河段	河道2段：中河台儿庄段（台儿庄月河）、中河宿迁段		管理设施1处：龙王庙行宫	
淮扬运河段	河道2段：淮扬运河淮安段、淮扬运河扬州段；湖泊1处：瘦西湖	闸3处：双金闸、清江大闸、刘堡减水闸；堤2处：洪泽湖大堤、邵伯古堤；码头1处：邵伯码头	管理设施1处：总督漕运公署遗址；配套设施1处：盂城驿	综合遗存1处：清口枢纽相关古建筑群5处：天宁寺行宫、个园、汪鲁门宅、盐宗庙、卢绍绪宅

续表

遗产分段	遗产类型			
	河道或湖泊	水工设施	附属遗存	相关遗产及其他
江南运河段	河道 5 段：江南运河常州城区段、江南运河无锡城区段、江南运河苏州段、江南运河嘉兴—杭州段、江南运河南浔段（頔塘故道）	闸 1 处：长安闸；城门 2 处：盘门、杭州凤山水城门遗址；桥 4 处：宝带桥、长虹桥、拱宸桥、广济桥；古纤道 1 处：吴江古纤道	配套设施 1 处：杭州富义仓	历史文化街区 5 处：清名桥历史文化街区、山塘河历史文化街区、平江历史文化街区、杭州桥西历史文化街区、南浔镇历史文化街区
浙东运河段	河道 3 段：浙东运河萧山—绍兴段、浙东运河上虞—余姚段（虞余运河）、浙东运河宁波段	桥 1 处：八字桥；码头 1 处：西兴过塘码头；古纤道 1 处：绍兴古纤道	管理设施 1 处：宁波庆安会馆	历史文化街区 1 处：八字桥历史文化街区
永济渠段	河道 1 段：永济渠滑县—浚县段		配套设施 1 处：黎阳仓遗址	
通济渠段	河道 5 段：通济渠郑州段、通济渠商丘南关段、通济渠商丘夏邑段、通济渠柳孜段、通济渠泗县段	桥 1 处：柳孜运河桥梁遗址	配套设施 2 处：含嘉仓 160 号仓窖遗址、回洛仓遗址	
合计	河道 27 段，湖泊 2 处，合计 29 处	闸及斗门 16 处，堤坝及险工 6 处，桥 6 处，码头 2 处，古纤道 2 处，城门 2 处，合计 34 处	配套设施 5 处，管理设施 4 处，合计 9 处	综合遗存 1 处，相关古建筑群 6 处，历史文化街区 6 处，合计 13 处

▲ 中国大运河遗产分段与遗产要素一览表

三、中国大运河遗产价值

1972 年，联合国教科文组织在巴黎召开会议，通过了《世界文化和自然遗产保护公约》，将世界文化遗产分为3类：文物、建筑群和遗址，并强调对文化和自然遗产的突出的普遍价值进行保护。目前，凡提名列入《世界遗产名录》的文化遗产项目，必须符合以下6条标准中的一项或几项方可获得批准，分别为：①代表一种独特的艺术成就，一种创造性的天才杰作；②能在一定时期内或世界某一文化区域内，对建筑艺术、纪念物艺术、城镇规划或景观设计方面的发展产生过重大影响；③能为一种已消逝的文明或文化传统提供一种独特的至少是特殊的见证；④可作为一种建筑或建筑群或景观的杰出范例，展示出人类历史上一个（或几个）重要阶段；⑤可作为传统的人类居住地或使用地的杰出范例，代表一种（或几种）文化，尤其在不可逆转之变化的影响下变得易于损坏；⑥与具特殊普遍意义的事件或现行传统或思想或信仰或文学艺术作品有直接或实质的联系（只有在某些特殊情况下或该项标准与其他标准一起作用时，此款才能成为列入《世界遗产名录》的理由）。

这里摘录《中国大运河申报世界文化遗产文本》中对其突出的普遍价值的概述如下：

大运河是世界唯一一个为确保粮食运输安全，以达到稳定政权、维持帝国统一的目的，由国家投资开凿、国家管理的巨大运河工程体系。它是解决中国南北社会和自然资源不平衡问题的重要措施，实现了在广大国土范围内南北资源和物产的大跨度调配，沟通了国家的政治中心与经济中心，促进了不同地域间的经济、文化交流，在国家统一、政权稳定、经济繁荣、社会发展等方面发挥了不可替代的作用，产生了重要的影响。大运河也是一个不断

小贴士

突出的普遍价值

由联合国教科文组织制定的《保护世界文化和自然遗产公约》旨在强调对文化和自然遗产的突出的普遍价值(outstanding universal value, OUV)进行保护。根据《实施世界遗产公约的操作指南》，突出的普遍价值是指"罕见的、超越了国家界限的、对全人类的现在和未来均具有普遍的重要意义的文化和/或自然价值。因此，该项遗产的永久性保护对整个国际社会都具有至高的重要性"。

适应社会和自然变化的动态性工程，是一条不断发展演进的运河。

大运河的开凿肇始于公元前5世纪的春秋时期，隋代完成第一次全线沟通，形成隋唐宋时期以洛阳为中心沟通中国南北方的大运河。元代，由于中国政治中心的迁移，将大运河改线为直接沟通北京与南方地区，形成元明清时期第二次大沟通。大运河历经2000余年的持续发展和演变，直到今天仍发挥着重要的交通和水利功能。

大运河地跨北京、天津、河北、山东、江苏、浙江、河南和安徽8个省级行政区，跨越3000多千米，沟通了海河、黄河、淮河、长江、钱塘江五大水系。根据历史划分方式，包括有十大河段。

大运河在自隋贯通后长达1400余年的时间里，针对不同的自然、社会条件变迁，做出了有效的应

▲ 大运河繁忙的运输画面

对，开创了很多古代运河工程技术的先河，形成了在农业文明时代特有的运河工程范例。大运河以世所罕见的时间和空间尺度，展现了农业文明时期人工运河发展的悠久历史，代表了工业革命前运河工程的杰出成就。

▲ 璀璨运河夜

依托大运河持续运行的漕运这一独特的制度和体系，跨越多个朝代，运行了 1000 多年，是维系封建帝国的经济命脉，体现了以农业立国的集权国家独有的漕运文化传统，显示了水路运输对于国家和区域发展的最强大的影响力，见证了古代中国在政治、经济、社会等诸多方面的发展历程，在历史时空上刻下了深深的文明印记。

大运河是中国春秋战国以来大一统政治理想的印证，更加强了地区间、民族间的文化交流，推动了中国作为统一的多民族国家的形成。大运河促进了沿线城市聚落的形成和繁荣，与重要城市的形成和发展密切相关，并塑造了沿岸人民独特的生活方式，成为沿线人们共同认可的"母亲河"。

中国的大运河由于其广阔的时空跨度、巨大的成就、深远的影响而成为文明的摇篮。历经 2000 余年的持续发展与演变，大运河直到今天仍发挥着重要的交通、运输、行洪、灌溉、输水等作用，是大运河沿线地区不可缺少的重要交通运输方式。

大运河因其独有的技术特征、文化传统而与其他重要的人工水道，包括已列入《世界遗产名录》(预备名录)的运河遗产有着较大的差异，具备不可取

173

代的特征和成就。

对照《世界遗产名录》入选标准，中国大运河符合Ⅰ、Ⅲ、Ⅳ、Ⅵ四条标准。引录申遗文本如下：

标准（Ⅰ）：大运河是人类历史上超大规模巨系统工程的杰作。大运河以其世所罕见的时间与空间尺度，证明了人类的智慧、决心和勇气，是在农业文明技术体系之下难以想象的人类非凡创造力的杰出例证。

大运河创造性地将零散分布的、不同历史时期的区间运河连通为一条统一建设、维护、管理的人工河流，这是人类伟大的设想与规划之一。

大运河为解决高差问题、水源问题而形成的重要工程实践是开创性的技术实例，是世界运河工程史上的伟大创造。

大运河是超大规模、持续开发的巨大系统工程，是人类农业文明时代工程技术领域的天才杰作。

标准（Ⅲ）：大运河见证了中国历史上已消逝的一个特殊的制度体系和文化传统——漕运的形成、发展、衰落的过程，以及由此产生的深远影响。

漕运是大运河修建和维护的动因，大运河是漕运的载体。大运河线路的改变明显地受到政治因素的牵动和影响，见证了随着中国政治中心和经济中心改变而带来的不同的漕运需求。

大运河沿线现存的河道、水工设施、配套设施是漕运这一已消逝的文化传统的最有力见证。此外，与之相关的大量历史文献和出土文物进一步佐证了大运河与漕运的密切关系。

由于漕运的需求，深刻影响了都城和沿线工商业城市的形成与发展。围绕漕运而产生的商业贸易，促进了大运河沿线地区的兴起、发展和繁荣，也在大运河相关遗产中得到呈现。

标准（Ⅳ）：大运河是世界上延续使用时间最久、空间跨度最大的运河，被《国际运河古迹名录》列为世界上"具有重大科技价值的运河"，是世界运河工程史上的里程碑。

从7世纪形成第一次大沟通直至19世纪中期不断发展和完善，针对大运河开展的工程难以计数，几乎聚集了人工水道和水工程的规划、设计、建造技术在农业文明时期的全部发展成就。作为农业文明时期的大型工程，大运河展现了随着土木工程技术的发展，人工控制程度得以逐步增强的历史进程。现存的运河遗产类型丰富，全面展现了传统运河工程的技术特征和发展历史。大运河所在区域的自然地理状况异常复杂，开凿和工程建设中产生了众多因地制宜、因势利导的具有代表性的工程实践，并联结为一个技术整体，以其多样性、复杂性和系统性，体现了具有中国文明特点的工程技术体系，是农业文明时期大型工程的最高成就。

作为7—19世纪中国最重要的运输干线，大运河显示了水路运输对于国家和区域发展的最强大的影响力。大运河造就了中国东中部的大沟通和大交流，并与陆上丝绸之路和海上丝绸之路的重要节点都会洛阳、明州相联系，成为沟通陆海丝绸之路的内陆航运通道。

标准（Ⅵ）：大运河是中国自古以来的大一统国家观的印证，并作为庞大农业帝国的生命线，对国家大一统局面的形成和巩固起到了重要作用。大运河通过对沿线风俗传统、生活方式的塑造，与运河沿线广大地区的人民产生了深刻的情感关联，成为沿线人民共同认可的"母亲河"。

与已列入《世界遗产名录》或《世界遗产预备名录》的运河遗产相比，中国大运河因其独有的技术特征、文化传统而与其他重要的人工水道不同，呈现出不可取代的特征和成就。它是由国家统一组织建设、统一管理维护的运河工程，有其独特的修建动因与功能——漕运，这使其成为人类运河工程史上的独特案例；在工程技术特征上，中国大运河是农业文明时代运河工程的杰出代表，其因地制宜、因势利导的规划思想与适应性、动态性的技术特征，具有鲜明的中国文明的典型特征，在系统构成上具有综合性，在单体结构上具有典型性；中国大运河历史上两次大沟通所形成的时空跨度，使其成为人类历史上开创时间较早、沿用时间最久、空间跨度最大的运河，并由此见证了运河工程在文明进程中深刻的影响力。它至今仍在发挥作用，是活态的文化遗产。

世界遗产委员会这样评价大运河："大运河是世界上最长的、最古老的人工水道，也是工业革命前规模最大、范围最广的工程项目，它促进了中国南北物资的交流和领土的统一管辖，反映出中国人民高超的智慧、决心和勇气，以及东方文明在水利技术和管理能力方面的杰出成就。历经两千余年的持续发展与演变，大运河至今仍发挥着重要的交通、运输、行洪、灌溉、输水等作用，是大运河沿线地区不可缺少的重要交通运输方式，自古至今在保障中国经济繁荣和社会稳定方面发挥了重要的作用。符合世界遗产标准。"

小贴士

活态遗产

活态遗产是相对于静态遗产而言的，是从功能性角度对文化遗产进行分类的一种类型。所谓"静态遗产"，是指现已失去原初和历史过程中使用功能的遗产，如古迹、古墓葬、考古遗址等。所谓"活态遗产"，是指至今仍保持着原初或历史过程中的使用功能的遗产，包括历史城镇、村落，历史园林（如颐和园），历史工程（如都江堰），文化景观（如哈尼梯田），等等。

第六章

结语

　　人们常说大运河和长城是中华民族的两大标志性工程。如果说长城是中华民族挺立的脊梁，那大运河就是中华民族流动的血脉，它蕴藏着中华文明数千年延续不断的密码，贯穿古今，通向未来。随着南水北调东、中线一期工程的成功通水以及大运河申遗成功，大运河遗产保护与利用进入了新的时期。

　　2018年在巴林召开的第42届世界遗产大会上，世界遗产委员会高度赞赏了我国大运河的保护管理工作，指出：中国已逐步形成相应的组织架构并加以实施，同时制定了相关指示和规范，进行广泛传播，得到了有效实施。同时，中国建立的大运河遗产监测体系，通过对数据进行持续不断的收集、集中化管理、分析和评估，为决策的制定奠定了数据基础。为此，世界遗产委员会相信中国能够持续不断地实现遗产的管理、景观保护、水质控制和环境的稳定性。大会报告还指出，中国为应对遗产保护和管理工作方面的问题做的大量工作，是"非常引人瞩目且具有重要意义的"。

　　中国大运河保护与发展虽然取得了可喜的成就，但长期以来，大运河面临着遗产保护压力巨大、传承利用质量不高、资源环境形势严峻、生态空间挤占严重、合作机制亟待加强等突出问题和困难。为此，2019年2月，中共中央办公厅、国务院办公厅印发了《大运河文化保护传承利用规划纲要》，该规划纲要清晰勾勒出了大运河文化保护传承利用的路线图、任务书和时间表，宏观上为大运河沿线发展提供了整体与系统的指导。

　　随着该规划纲要的颁布，大运河沿线各省、市

▲ 2021年6月，大运河北京段正式旅游通航

也纷纷出台了大运河遗产保护规划，如《北京市大运河文化带保护建设规划》《中国大运河江苏段遗产保护规划（2011—2030）》《杭州市大运河世界文化遗产保护规划》等。2019年12月，中央广播电视总台"中国之声"《新闻和报纸摘要》报道，《江苏省人民代表大会常务委员会关于促进大运河文化带建设的决定》将于2020年1月1日起正式施行，这是全国首部关于大运河文化带建设的地方性法规。各地大运河文化带建设的全面推进，为这条承载着华夏文化基因的大动脉注入了新的生机与活力！

在大运河沿线各地政府以及有关部门的共同努力下，近年来大运河文化带建设取得了重要进展。2019年10月，大运河通州城市段实现旅游通航，游客可在北关闸至甘棠闸11.4千米河道内游船赏景。2021年6月，大运河北京段40千米河道和河北香河段21.7千米河道分别实现了各自

南运河　　　岔河　　　老减河

南运河节制闸

▲ 2022 年 4 月 28 日，位于山东德州的四女寺枢纽南运河节制闸开启闸门，京杭运河实现了全线通水

省（市）内的旅游通航。2022 年 4 月，水利部启动京杭运河全线贯通补水行动，至 4 月 28 日，黄河以北 707 千米河段全部通水，这是京杭运河自 1855 年断航后的首次全线通水。此次补水，总补水量达 8.4 亿米^3，不仅有效回补了地下水，减少了深层地下水的开采，而且补水后河道水质有所改善，河道内的浮游植物种类增加，生物多样性指数增加，河湖生态环境得到了显著改善。与此同时，大运河北京段、河北段也于 6 月 24 日实现了省际间旅游通航的互联互通，千年流淌的大运河在京津冀协同发展的画板上描绘出了浓墨重彩的画卷。

　　文化兴国运兴，文化强民族强。中国大运河，这条承载中华民族千年重任的河流，从中华文明的历史深处走来，在新的时期，正在国人努力和世人关注下，谱写着新的篇章，焕发出新的、动人的魅力！

[1] （美）谢弗．唐代的外来文明 [M]．吴玉贵，译．西安：陕西师范大学出版社，2005．

[2] （明）王琼撰；姚汉源，谭徐明点校．漕河图志 [M]．北京：水利电力出版社，1990．

[3] （清）张鹏翮．治河全书 [M]．天津：天津古籍出版社，2007．

[4] （日）释成寻著；白化文，李鼎霞校点．参天台五台山记 [M]．石家庄：花山文艺出版社，2008．

[5] （英）查尔斯·辛格．技术史（第2卷）[M]．潜伟主，译．上海：上海科技教育出版社，2004．

[6] （英）查尔斯·辛格．技术史（第3卷）[M]．高亮华，戴吾三，主译．上海：上海科技教育出版社，2004．

[7] （英）柯林·罗南．中华科学文明史 [M]．上海交通大学科学史系，译．上海：上海人民出版社，2003．

[8] （英）李约瑟．中国科学技术史（第四卷第三分册土木工程与航海技术）[M]．北京：科学出版社；上海：上海古籍出版社，2008．

[9] （英）李约瑟．中国之科学与文明 [M]．张一麟，沈百先，译．台湾商务印书馆，1980．

[10] 《交通大辞典》编辑委员会．交通大辞典 [M]．上海：上海交通大学出版社，2005．

[11] 《中国河湖大典》编纂委员会．中国河湖大典（综合卷）[M]．北京：中国水利水电出版社，2014．

[12] 蔡蕃．京杭大运河水利工程 [M]．北京：电子工业出版社，2014．

[13] 陈桥驿．中国运河开发史 [M]．北京：中华书局，2008．

[14] 傅崇兰．中国运河传 [M]．太原：山西人民出版社，2005．

[15] 耿传宇，荆瑞刚．留住水利记忆——郑州市水文化遗产保护利用规划 [M]．北京：中国水利水电出版社，2019．

[16] 郭利民．中国古代史地图集 [M]．北京：星球地图出版社，2017．

[17] 郭涛．大运河：承载中国水利文明的活态文化遗产 [J]．中国三

峡, 2012 (10): 5-13.

[18] 郭涛. 中国古代水利科学技术史 [M]. 北京: 中国建筑工业出版社, 2013.

[19] 华觉明, 冯立昇. 中国三十大发明 [M]. 郑州: 大象出版社, 2017.

[20] 姜师立. 中国大运河百问 [M]. 北京: 电子工业出版社, 2018.

[21] 姜师立. 中国大运河遗产 [M]. 北京: 中国建材工业出版社, 2019.

[22] 李德楠. 大运河 [M]. 南京: 江苏凤凰美术出版社, 2019.

[23] 李孝聪. 中国运河志（图志卷）[M]. 南京: 江苏凤凰科学技术出版社, 2019.

[24] 刘潞, 吴芳思. 帝国掠影——英国访华使团画笔下的清代中国 [M]. 北京: 中国人民大学出版社, 2006.

[25] 吕娟. 中国运河志（河道工程与管理卷）[M]. 南京: 江苏科学技术出版社, 2019.

[26] 邱志荣, 李云鹏. 运河论丛 中国大运河水利遗产保护与利用战略论坛论文集 [M]. 北京: 中国文史出版社, 2014.

[27] 阮芝生. 《史记·河渠书》析论 [J]. 台湾大学历史系学报, 1990 (15): 73-78.

[28] 史念海. 中国的运河 [M]. 西安: 陕西人民出版社, 1988.

[29] 水利水电科学研究院《中国水利史稿》编写组. 中国水利史稿（下）[M]. 北京: 水利电力出版社, 1989.

[30] 孙永都, 孟昭星. 中国历代职官知识手册 [M]. 天津: 百花文艺出版社, 2006.

[31] 谭其骧. 谭其骧全集 [M]. 北京: 人民出版社, 2015.

[32] 谭其骧主编. 中国历史地图集(1-8册)[M]. 北京: 中国地图出版社, 1982.

[33] 谭徐明, 王英华, 李云鹏, 邓俊. 中国大运河遗产构成及价值评估 [M]. 北京: 中国水利水电出版社, 2012.

[34] 谭徐明. 宋代复闸的技术成就——兼及消失原因的探讨 [J]. 汉学研究, 1999, 17 (1): 33-48

[35] 谭徐明. 中国灌溉与防洪史 [M]. 北京: 中国水利水电出版社, 2005.

[36] 天津图书馆. 水道寻往——天津图书馆藏清代舆图选 [M]. 北京: 中国

人民大学出版社, 2007.

[37] 王永贵, 李铎玉. 灵渠志 [M]. 南宁: 广西人民出版社, 2010.

[38] 魏向清. 世界运河名录 (英汉对照简明版) [M]. 南京: 南京大学出版社, 2017.

[39] 武汉水利电力学院、水利水电科学研究院《中国水利史稿》编写组. 中国水利史稿 (上) [M]. 北京: 水利电力出版社, 1979.

[40] 武汉水利电力学院《中国水利史稿》编写组. 中国水利史稿 (中) [M]. 北京: 水利电力出版社, 1987.

[41] 姚汉源. 京杭运河史 [M]. 北京: 中国水利水电出版社, 1998.

[42] 姚汉源. 中国水利史纲要 [M]. 北京: 水利电力出版社, 1987.

[43] 郑连第. 灵渠工程史略 [M]. 北京: 水利电力出版社, 1986.

[44] 郑连第. 中国水利百科全书 (水利史分册) [M]. 北京: 中国水利水电出版社, 2004.

[45] 中国文化遗产研究院. 中国运河志 (附编) [M]. 南京: 江苏科学技术出版社, 2019.

[46] 中央电视台. 话说运河 [M]. 北京: 中国青年出版社, 1987.

[47] 中央电视台科教节目制作中心, 中央新闻纪录电影制片厂集团. 大运河 央视大型人文纪录片同步书系 [M]. 北京: 中国水利水电出版社, 2016.

[48] 周魁一, 谭徐明. 中华文化通志 (水利与交通志) [M]. 上海: 上海人民出版社, 1998.

[49] 周魁一, 中国科学技术史 (水利卷) [M]. 北京: 科学出版社, 2002.

[50] 周魁一, 等. 二十五史河渠志注释 [M]. 北京: 中国书店, 1990.

[51] 周良. 通州漕运 [M]. 北京: 文化艺术出版社, 2004.

[52] 邹逸麟. 舟楫往来通南北——中国大运河 [M]. 南京: 江苏科学技术出版社, 2018.

附录一 中国大运河大事记

公元前 486 年（鲁哀公九年） 吴王夫差开邗沟，沟通长江、淮河两大流域，是见于记载的最早的人工运河。

公元前 361—前 340 年（魏惠王十年至三十一年） 魏国开凿鸿沟，沟通黄河、淮河两大水系。

公元前 214 年（秦始皇三十三年） 秦监郡御史禄开灵渠，沟通长江、珠江两大水系的航运。

公元前 129 年（汉武帝元光六年） 大司农郑当时主持修建关中漕渠，自长安引渭水，东至潼关达黄河。至此，形成由黄河、鸿沟、泗水、淮水、邗沟、江南运河为主体的东西向运河网。

204—206 年（汉建安九年至十一年） 曹操开白沟、平虏渠、泉州渠、新河，沟通了黄河、海河、滦河水系。

245 年（吴赤乌八年） 陈勋率兵士 3 万人开破冈渎，自句容至丹阳。运河上建堰埭 14 处，出现了简单的升船机械。

423—424 年（南朝宋景平元年至二年） 在淮扬运河与长江衔接的扬州，出现了斗门的记载，即今天的闸门，又称为单门船闸、半船闸。

605—610 年（隋大业元年至六年） 先后开凿了通济渠、永济渠，整修了江南运河，形成北至涿郡（今北京），南达杭州，沟通海河、黄河、淮河、长江和钱塘江五大水系的南北大运河。

733 年（唐开元二十一年） 京兆尹裴耀卿提出漕运分段转运法。763 年（唐广德元年）江淮转运使刘晏又进一步改进，提高了漕运效率。

约 737 年（约唐开元二十五年） 最早一部国家水利法规《水部式》颁行，涉及灌溉、水力利用、航运、城市水道、渔业、交通等多方面的管理条例。

742—743 年（唐天宝元年至二年） 韦坚在长安城东开广运潭，

停泊全国漕船，成为当时最大的内河停泊港。

984年（宋雍熙元年） 乔维岳开沙河通运，可自淮安到淮阴，避淮河之险。并创修复闸，与现代船闸工作原理类似，是世界上最早出现的复闸，比西方早约400年。后推广到淮扬运河和江南运河，发展为带有节水设施的澳闸。

1049—1054年（宋皇祐年间） 发运使许元主持开凿洪泽新河，自淮阴接沙河至洪泽镇。1071—1072年皮公弼复浚治。

1078年（宋元丰元年） 汴渠改引洛水为源，开新河五十一里，称为清汴。

1080年（宋元丰三年） 筑汴河狭河木岸六百里，以冲深河道。

1083年（宋元丰六年） 开龟山运河，长五十七里，避淮河风险，东接洪泽新河，西达淮河。

1205年（金泰和五年） 金以高梁河为水源开通济河（又称闸河），自中都至通州。后废。

1266年（元至元三年） 郭守敬重开大都（今北京）金口河，引卢沟水，运输西山木石。

1275年（元至元十二年） 郭守敬勘测卫、泗、汶、济等河，规划运河河道。并提出"海拔"概念。

1281年（元至元十八年） 阿八赤（阿巴齐）开凿胶莱运河，自山东胶县至海沧口入海，沟通了胶东半岛莱州湾与胶州湾水运。1284年（至元二十一年）因河道航行条件差废弃。

1283年（元至元二十年） 开济州河，自济宁至安山，长130多里。

1289年（元至元二十六年） 马之贞等主持开会通河，南自安山，北至临清，长265里。

1292—1293年（元至元二十九年至三十年） 郭守敬主持开凿会通河，引昌平、白浮等泉，经玉河至城内积水潭，东流至通州会白河，全长164余里，设闸11处，共24座；至此，京杭运河全线完工。

1411年（明永乐九年） 宋礼发军民30万修会通河，采用白英建议，建南旺分水枢纽。后每年漕运量400万石，由京杭运河北上。

1415—1416年（明永乐十三年至十四年） 陈瑄开清江浦，建清江四闸、淮安五坝，又增修会通河闸，完善京杭运河工程设施。

1432年（明宣德七年） 漕粮运输改支运为兑运，各地漕粮民运至指定水次（码头）兑给官军，军运北上入京。

1453年（明景泰四年） 徐有贞治理黄河、运河；又开广济渠引黄济运。

1471年（明成化七年） 设总理河道（清代称河道总督），黄河、运河始设专职总理之官。工部侍郎王恕为首任。

1489—1490年（明弘治二年至三年） 黄河在开封决口，北冲张秋运河。白昂治理黄河，北堵南疏，力保漕运。

1528年（明嘉靖七年） 疏浚大通河（即通惠河），建石坝、石闸，行剥运。

1566年（明嘉靖四十五年） 为了避免黄河冲决对运河的干扰，开南阳新河，北起山东鱼台南阳镇，南至留城，长140余里。

1572—1574年（明隆庆六年至万历二年） 万恭任总理河道兼提督军务，在任2年4个月，提出束水攻沙、放淤固堤的黄河治理方略，根据治河实践著《治水筌蹄》一书。

1578—1580年（明万历六年至八年） 潘季驯第三次出任总理河道。综合治理黄河、淮河和运河；修筑高家堰，洪泽湖演变形成为调蓄淮河的水库。

1595—1596年（明万历二十三年至二十四年） 杨一魁主持分黄、导淮，高家堰建闸，导淮入海入江；又开安东新河分泄黄河洪水。

1604年（明万历三十二年） 泇运河完工，长260里，自夏镇至宿迁直河口，运道不再经徐州。

1684年（清康熙二十三年） 开中运河，北接泇河南至清口，长180里，黄河、运河由此完全分开，仅交于清口。

1855 年（清咸丰五年） 黄河决河南兰阳铜瓦厢，东至张秋穿运河，由大清河入海，演变为今黄河下游河道。受黄河改道影响，运河南北断流。

1902 年（清光绪二十八年） 停止南北运河漕运，运河部分河段逐渐湮塞。

1918 年 民国政府设督办运河事宜处，聘美国工程师费礼门、李伯来、卫根等测量设计，历时三载，费款甚巨。因社会动乱，工程未实施。

1935 年 汪胡桢制定整理运河工程计划。

1958 年 制定大运河总体规划，设立大运河委员会。组织数十万人疏浚京杭运河，重点治理苏北运河，重新开辟南四湖湖西运道。

1983 年 国务院批准南水北调东线第一期工程方案。

1986 年 京杭运河治理工程被列入国家重点工程项目计划。

1999 年 安徽省濉溪县发现柳孜运河码头遗址，被国家文物局列为"1999 年十大考古新发现"。2001 年被列为全国重点文物保护单位。

2006 年 6 月 京杭大运河被公布为第六批全国重点文物保护单位，首次在国家层面明确了京杭大运河作为文化遗产的价值和法律地位。同年 12 月，京杭大运河被列入《中国世界文化遗产预备名单》。

2009 年 4 月 由国务院牵头，成立了由 8 个省（直辖市）和 13 个部委联合组成的大运河保护和申遗省部际会商小组，大运河申遗上升为国家行动。

2012 年 8 月 中华人民共和国文化部令第 54 号公布《大运河遗产保护管理办法》，自 2012 年 10 月 1 日起施行。

2013 年 位于北京市、天津市、河北省、浙江省、江苏省、安徽省、山东省、河南省的大运河，与第六批公布的京杭大运河合并为"大运河"，列入第七批全国重点文物保护单位。

2014 年 6 月 22 日　在联合国教科文组织第 38 届世界遗产委员会会议上，"中国大运河"被列入《世界遗产名录》。

2017 年 2 月　习近平总书记在北京通州调研时指出："要古为今用，深入挖掘以大运河为核心的历史文化资源"。同年 6 月，习近平总书记批示："大运河是祖先留给我们的宝贵遗产，是流动的文化，要统筹保护好、传承好、利用好。"

2018 年　在巴林召开的第 42 届世界遗产大会上，世界遗产委员会高度赞赏了我国大运河的保护管理工作。

2019 年 2 月　中共中央办公厅、国务院办公厅印发了《大运河文化保护传承利用规划纲要》。

2019 年 12 月　中央广播电视总台中国之声《新闻和报纸摘要》报道，《江苏省人民代表大会常务委员会关于促进大运河文化带建设的决定》将于 2020 年 1 月 1 日起正式施行。这是我国首部关于大运河文化带建设的地方性法规。

2019 年 12 月　中共中央办公厅、国务院办公厅印发《长城、大运河、长征国家文化公园建设方案》，2023 年底基本完成建设任务。

2020 年 9 月　中华人民共和国文化和旅游部、国家发展和改革委员会联合印发《大运河文化和旅游融合发展规划》。

2021 年 6 月　大运河北京段 40 千米河道和河北香河段 21.7 千米河道分别实现了各自省（市）内的旅游通航。

2022 年 4 月　水利部启动京杭运河全线贯通补水行动，至 4 月 28 日，黄河以北 707 千米河段全部通水，这是京杭运河自 1855 年断航后的首次全线通水。

2022 年 6 月　京杭运河京冀段全线 62 千米河道实现了游船通航。

附录二 世界十大运河

▲ 《世界运河名录》书影

2017 年，世界运河历史文化城市合作组织等机构组织（WCCO）与南京大学双语词典研究中心合作，组织编译了《世界运河名录》。同时，还开展了"世界十大运河"的评选工作，主要以长度作为遴选标准，也考虑运河的结构规模、通航能力，最终评选出十大运河，分别为：中国大运河、英国的曼彻斯特通海运河、埃及的苏伊士运河、巴拿马运河、德国基尔运河、跨越加拿大和美国的圣劳伦斯航道、比利时的阿尔贝特运河、俄罗斯的莫斯科运河和伏尔加河—顿河运河、瑞典约塔运河和美国伊利运河。这里主要依据该名录，对十大运河扼要介绍如下。

1. 中国大运河

《世界运河名录》称中国大运河为"大运河"，包括三条运河。第一条是隋代贯通的以洛阳为中心，北到涿郡，南到杭州的隋唐大运河；第二条是在元代裁弯取直的元明清大运河（即京杭大运河）；第三条是从杭州到宁波的浙东运河。

大运河对中国南北方的经济、文化交流与社会发展，特别是对沿线地区工农业经济的发展起到了巨大作用。2014 年，大运河成功入选世界遗产名录，成为中国第 46 处世界遗产。

▲ 英国曼彻斯特通海运河

2. 曼彻斯特通海运河

曼彻斯特通海运河位于英国英格兰西，全长 58

千米，修建于 1887 年，1893 年竣工，是当时世界
上最大的通航运河，曼城斯特港也由此成为英国第
二大繁忙港口。目前，曼彻斯特通海运河为皮尔港
所有。

3. 埃及苏伊士运河

苏伊士运河是连通欧洲、亚洲和非洲的重要航线，
全长 190 余千米。运河始建于 1859 年，于 1869 年正
式通航。运河的建成极大地推动了当时埃及和西南亚、
东北非和南欧等地区的贸易往来，使得亚欧之间往来
船只可以直接通行，不必绕道非洲的好望角。

▲ 埃及苏伊士运河

4. 巴拿马运河

巴拿马运河连通太平洋和大西洋，全长 82 千米，
被誉为当今世界七大工程奇迹之一。该运河于 1914
年竣工并通航，20 世纪 30 年代年通行量大约为 8 万
吨。21 世纪以来，巴拿马运河扩建后投入商业运行，
据 2015 年统计，运河通行船运总吨数已超过 3.4 亿吨。

▲ 巴拿马运河

5. 德国基尔运河

德国基尔运河位于德国西北部，连接了北海和
波罗的海，全长 98 千米。基尔运河修建于 1887—
1895 年，运河建成后在军事和贸易两方面意义重大，
即使在 1919 年"一战"结束后签署旨在削弱德国势
力的《凡尔赛条约》中，也规定基尔运河采取国际
化管理模式，管理权仍归于德国。目前，基尔运河
宽 160 米，深 11 米，可以通行大型远洋船只，是连
接北海和波罗的海最安全、航程最短、最经济便捷
的运河，也是波罗的海地区的主要通航运河。

▲ 德国基尔运河

▲ 跨越加拿大和美国的
圣劳伦斯航道

▲ 比利时阿尔贝特运河

▲ 俄罗斯莫斯科运河

6. 圣劳伦斯航道

圣劳伦斯航道是美国和加拿大联合修建的跨国运河，因连接安大略湖和大西洋的圣劳伦斯河而得名，全长3700千米。该运河由加拿大和美国的一系列运河、航道和水闸构成，沟通了大西洋和北美五大湖。该运河于1959年建成，极大地促进了美国和加拿大两国的国际贸易，不仅每年可运送4000万～5000万吨货物，还为人们提供了潜水、钓鱼和划船等户外娱乐设施。

7. 比利时阿尔贝特运河

阿尔贝特运河位于比利时东北部，全长129.5千米，修建于1930年，1939年建成。第二次世界大战期间，比利时曾用此运河作为军事防线。运河建成后，连接了安特卫普和列日两个重要工业区。目前，运河两岸风景如画，尤其是拉纳肯和马斯梅赫伦沿岸，已成为颇受欢迎的休闲度假胜地。

8. 俄罗斯的莫斯科运河和伏尔加—顿河运河

莫斯科运河始建于1932年，1937年竣工，全长128千米。运河的建成使莫斯科成为"五海之港"，可以乘船到白海、波罗的海、里海、亚速海和黑海。除航运、旅游外，莫斯科运河也为莫斯科提供大约一半的用水量。

伏尔加—顿河运河始建于1938年,1952年建成,全长101千米,其中45千米为河流和水库。运河上修建有13道水闸,可以通航载货量5000吨的巨轮。

9. 瑞典约塔运河

约塔运河位于瑞典南部约塔兰境内,全长190千米,其中87千米为挖掘和爆破而成。运河修建于1810年,1832年竣工。运河的建成实现了瑞典人用运河连接波罗的海和大西洋的夙愿。历史上,约塔运河对促进瑞典国内贸易发展起到了巨大作用。目前主要作为旅游休闲景点,被誉为"瑞典的蓝丝带"。

▲ 瑞典约塔运河

10. 美国伊利运河

美国伊利运河位于美国纽约州,全长584千米,修建于1817年,建成后成为联系美国东海岸与西部内陆的重要交通要道。2000年,鉴于该运河作为人工建造的最具影响力运河,以及北美地区最重要的土木建筑工程,美国国会将其列为"国家遗产廊道"。

▲ 美国伊利运河